最強縮陰瘦身

免節食、隨時做，一招打造易瘦體質＋超激瘦完美曲線

22腰美魔女教練／村田友美子 著

雖然我正在開會，
但其實也一邊在
偷偷收縮陰道瘦身。

不是在瞬間
用力縮緊，
重點是持續
「向上提起」～

練腹肌？
控制飲食？
只要向上提，也能一併暢通腸道！
所以這個人才可以吃得那麼多呢～
跑步？

只要看照片妳就知道，
只要學會縮陰運動，
就算大吃炸豬排咖哩，曲線依舊傲人。

只要收縮陰道，就能大大改變妳的身體和肌肉

好處 1

曲線

不管再怎麼瘦，如果身體毫無曲線可言，就無法擁有女人味。另外，也有人拼命鍛鍊腹肌，結果讓自己的腹肌變得像男人一樣硬梆梆。只要將陰道向上收縮，就能夠將身體內部的肌肉一併收緊，讓妳獲得柔軟的身體曲線。同時能加深呼吸、提升新陳代謝，因此不需要特地節食，也能擁有傲人曲線。

好處 2

美腿

腿部的形狀取決於骨骼和肌肉附著方式的平衡。前大腿和小腿肌向外凸出的人，大多有關節和骨骼的問題。如果走路時能有意識地一邊收縮陰道，不只能穩定軀幹，也能減輕步行時腿部的負擔。解決肌肉外凸的問題，擁有纖細美腿。

好處 3

抗老

女性荷爾蒙掌握了青春的關鍵，女性的子宮便是主宰女性荷爾蒙之處。向上收縮陰道能讓內臟回到正確位置，改善子宮的狀態。如果能調整女性荷爾蒙的平衡，就能讓身體維持在青春狀態。許多人都表示：「連臉部也跟著變緊緻了」。

好處 4

美膚

向上收縮陰道能改善血液循環，也有提升代謝的效果。只要全身的循環變好，就能一併改善皮膚狀態。另外，藉由加速腸道蠕動，也能消除便祕、確實排出累積在體內的毒素。讓肌膚不再粗糙、打造光滑美麗的肌膚。

好處 5

長高

將緊縮的肌肉和陰道一起縱向伸展，做了這個運動之後長高的案例不斷增加！有不少30～40歲的女性都長高了1～1.5公分，甚至有人做了一次訓練後就有效。

只要收縮陰道，就能解決妳的身體不適

我是誰？
我是陰道妖精
喔～

好處 1

改善腰痛

導致腰痛或肩膀痠痛的最大因素，就是長期姿勢不良所造成的肌肉血液循環不良及老廢物質堆積。藉由矯正歪斜的姿勢、向上收縮陰道、穩定軀幹，能促進身體的血液循環。不只能緩和腰部及脖子的疼痛，也能徹底放鬆全身。

好處 2

改善經前症候群

令人下腹部悶痛、煩躁不安的經前症候群成因之一，就是子宮周圍氣血不順，也就是「瘀血」。藉由縮陰運動讓內臟回到正確位置，能夠讓子宮氣血順暢，減輕生理期的不適症狀。其中也有人因而改善了月經不順的問題。

好處 3

改善漏尿

有很多人有這種不為人知的煩惱，在打噴嚏或運動等腹部需要用力的時候，就會發生漏尿的情形。這是生產或上了年紀造成尿道口鬆弛所導致，但幾乎所有人都只會以漏尿護墊來解決。藉由向上收縮陰道提高陰道內部的壓力，能鍛鍊鬆弛的肌肉，從根本防止漏尿。

好處 4

改善內臟下垂

有許多女性就算沒那麼胖，小腹也是向外凸出的。有時候這個小腹並不是脂肪，而是內臟往下垂所造成的。要讓內臟回到正確位置，就需要鍛鍊支撐內臟的肌肉。藉由收縮陰道鍛鍊周圍的肌肉，就能讓內臟也向上回復到正確的位置。

好處 5

改善便祕

如果內臟下垂的話，身體就會產生各種不適，便祕就是其中之一。內臟下垂會阻礙腸道蠕動，也就會造成排便不順暢。向上收縮陰道讓內臟歸位，能夠促進腸道血液循環、增加腸道蠕動，排便也就自然會變得順暢。

妳覺得控制飲食和改善姿勢，哪個可以讓妳瘦得更快呢？

妳可能會想：「改善姿勢？那之後再說吧。應該要先從控制飲食開始。」確實，只要在飲食上有所控制，體重就會掉下來，健身也能在一定程度上改變身形。然而，想要維持身形的話，以上這些習慣都必須長期持續下去才行。這可是相當辛苦的。站在教練的立場，我也曾感受過這樣的進退兩難；不過在我學習到改善姿勢的相關知識後，這樣的想法就為之一變。比起控制飲食跟硬派的肌肉鍛鍊，常保正確的姿勢能夠讓妳瘦得更快、更有效果。而要維持姿勢，不可或缺的就是「收縮陰道」。正因為陰道位於身體的軸心，只要起點的姿勢正確，就能夠調整妳的全身，讓身形有劇烈的變化。這不只能讓妳變瘦，還能夠讓妳輕輕鬆鬆擁有健康。

在本書中，我將詳細介紹收縮陰道並常保正確姿勢的訣竅，還請妳務必嘗試看看。

改變我身體的縮陰運動經驗談 ❶

不再為產後漏尿·鬆弛所苦

對於生過三次小孩的我而言，漏尿是一個很嚴重的問題。產後陰道鬆弛，泡澡時水會跑進去又漏出來也很困擾。但在開始做縮陰運動，鍛鍊鬆弛的肌肉之後，上述兩種問題就迎刃而解。

近年來，部分受到蹲式廁所減少，以及交通方便而使大家幾乎不太走路的影響，國高中年紀就有「骨盆底肌鬆弛」情形的女性似乎也增加了。此外，也有人肌肉鬆弛得太嚴重，導致子宮的一部分跑出體外，也就是發生「子宮脱垂」。不要天真地覺得自己「只是稍微漏尿」而已，還請務必要好好鍛鍊！

改變我身體的縮陰運動經驗談 ❷

排便不卡卡！吃了東西都能順暢解放

這是來上我課的學員也常掛在嘴邊的事：那就是開始做這個運動後，馬上就覺得排便變得順暢了。而且還有人說：「排便時簡直就像是上了一層油一樣，咻地一聲就滑出來了。」我自己也有這種感覺，就算吃得很多，也不會感覺有多餘的負擔留在身體裡，每天都能順暢解放。

之前我有便祕的困擾，一週只能大一次，現在則已經能夠毫無負擔地排便，這是因為腸道已經回歸到正確的位置運作的緣故。「吃得好，拉得好」，加速排便的效果也讓我的皮膚乾癢問題逐漸改善，同時變得不再易胖。

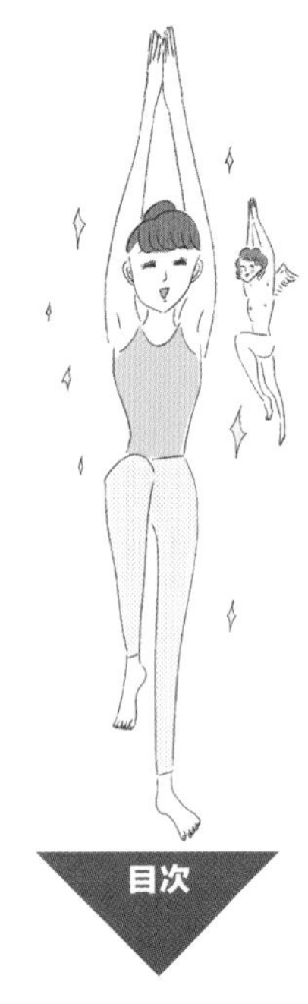

目次

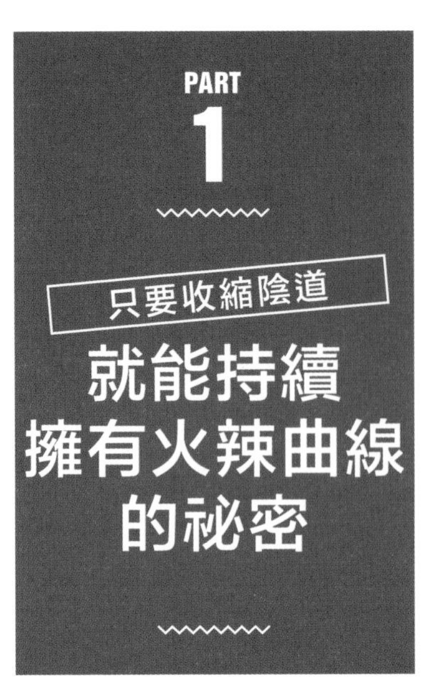

PART
1
只要收縮陰道
就能持續
擁有火辣曲線
的祕密

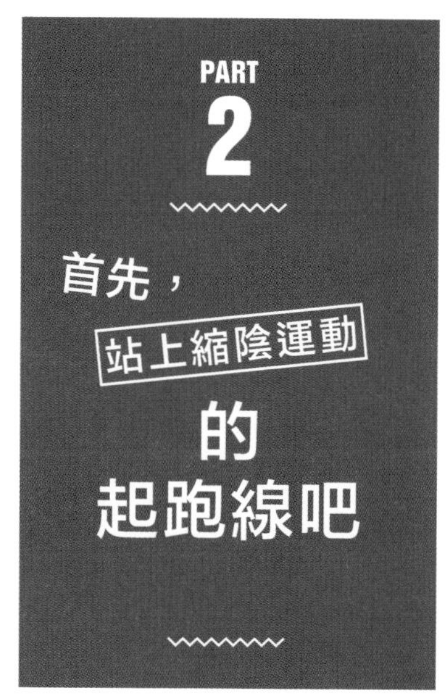
PART
2
首先，
站上縮陰運動
的
起跑線吧

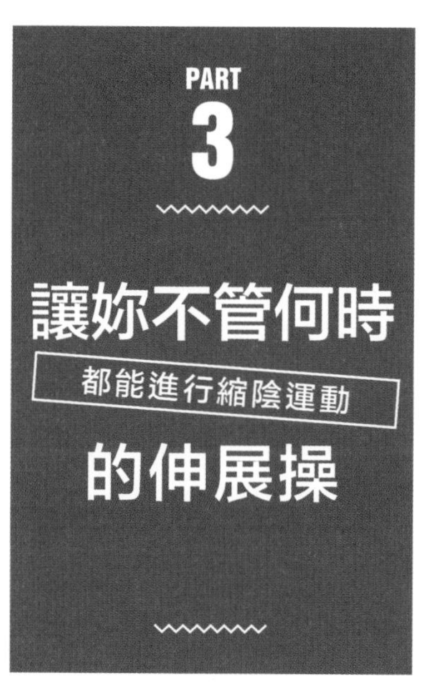
PART
3
讓妳不管何時
都能進行縮陰運動
的伸展操

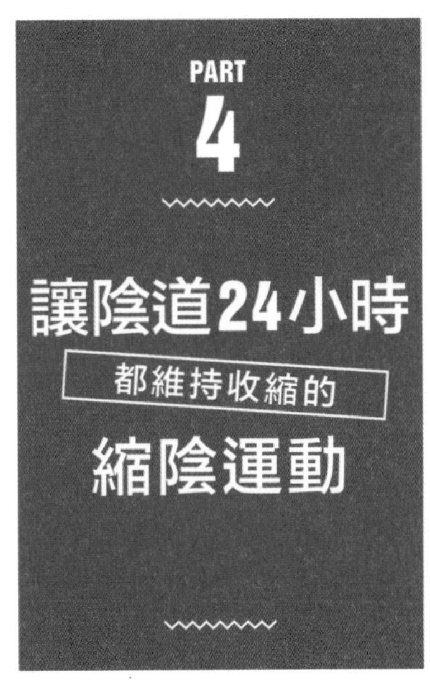

PART 4

讓陰道24小時都維持收縮的縮陰運動

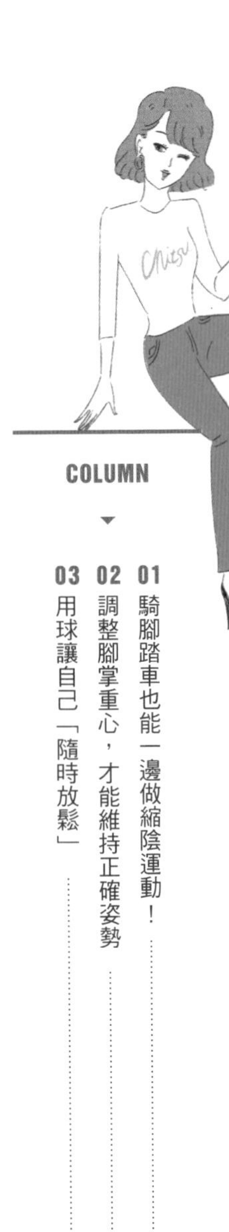

COLUMN

PART 1

只要收縮陰道

就能持續擁有火辣曲線的祕密

YumiCoreBody method

收縮陰道＝將骨盆底肌向上提起

只要收縮陰道就能改善身形的祕密，在於讓陰道收縮的肌肉構造。在陰道的底部有著稱為**「骨盆底肌」**的肌肉，像吊床一般地支撐著我們的內臟。骨盆底肌的特徵是會進行反重力的縱向活動，「收縮陰道」指的就是**將妳的骨盆底肌向上提起**。藉由上提骨盆底肌，可以一併運動到有「天然束腹」之稱的腹橫肌、支撐脊椎的多裂肌、幫助呼吸的橫隔膜等四處深層肌肉。也就是說，光是收縮陰道，**就能同時進行四處深層肌肉的訓練**。運動時軸心會通過整個身體，到達妳的曲線、姿勢及呼吸等，能夠有效率地改善身形。

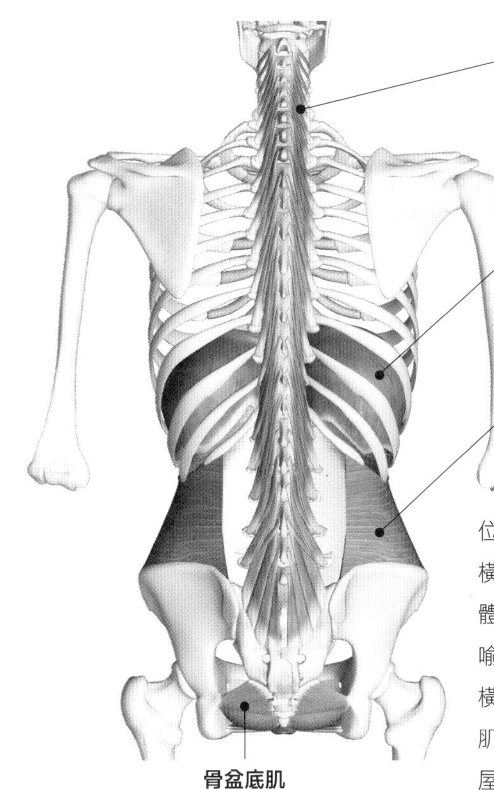

多裂肌
支撐背部深處脊椎，讓姿勢維持穩定的肌肉。
橫膈膜
位於胸部和腹部之間，用來支援深呼吸的肌肉。
腹橫肌
介於肋骨下方與骨盆之間，呈帶狀包覆腹部的肌肉。
骨盆底肌
連結坐骨、恥骨與尾骨，支撐內臟的肌肉。

位於軀幹（身體核心）的橫隔膜、腹橫肌、多裂肌與骨盆底肌，是位於身體深處深層肌肉的一部分。將它們比喻為房屋的構造：橫膈膜是屋頂、腹橫肌是牆壁、多裂肌是梁柱，骨盆底肌則是地板，可以稱作是一間「核心屋」。正確運動到這個藉由四處肌肉的連動來作用的核心屋，正是縮陰瘦身的基礎，同時也是祕訣所在。

骨盆底肌群

位於肛門之前、呈八字交叉的肌肉，是骨盆底肌很重要的部分，也是被稱作「會陰」的位置。骨盆底肌上所有的組織與肌肉層皆在此交匯，肌肉的強度也集中於此。說「去感覺妳的陰道」的時候，就是要妳去意識星號處（★），並去感受穿過身體的軸心。

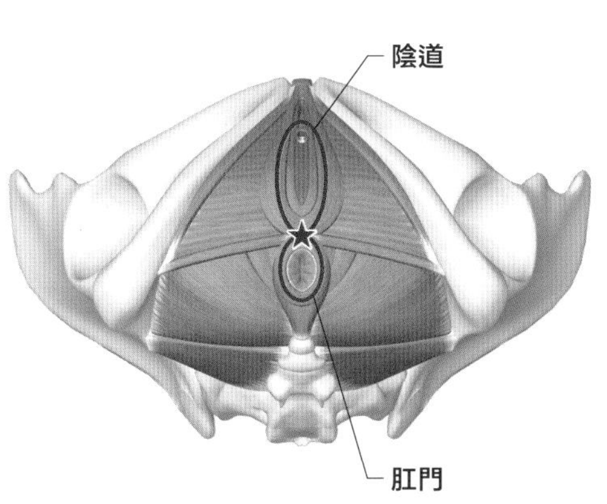

YumiCoreBody method

提起骨盆底肌就像是「將一束蒟蒻涼麵吸入口中」

如果突然叫妳「將骨盆底肌向上提起」，應該會有很多人抓不到這種感覺。我常常叫學生**「想成是用妳的陰道口去吸起一束蒟蒻涼麵！」**蒟蒻涼麵有著滑溜溜的質感，如果沒有一口氣吸起來就很容易又滑下去，就是這種感覺。另一方面，因為它很柔軟，如果施力過度又會很容易斷掉。不要讓它掉下來、不要讓它斷掉，用咻地一聲吸起蒟蒻涼麵的感覺，**從身體內側溫柔地將骨盆底肌向上提起，正是訣竅所在。**順帶一提，在課堂上為了方便理解，我通常是用蒟蒻涼麵來說明；但一般也常用「從面紙盒中抽出面紙」，或是「從地板上捏

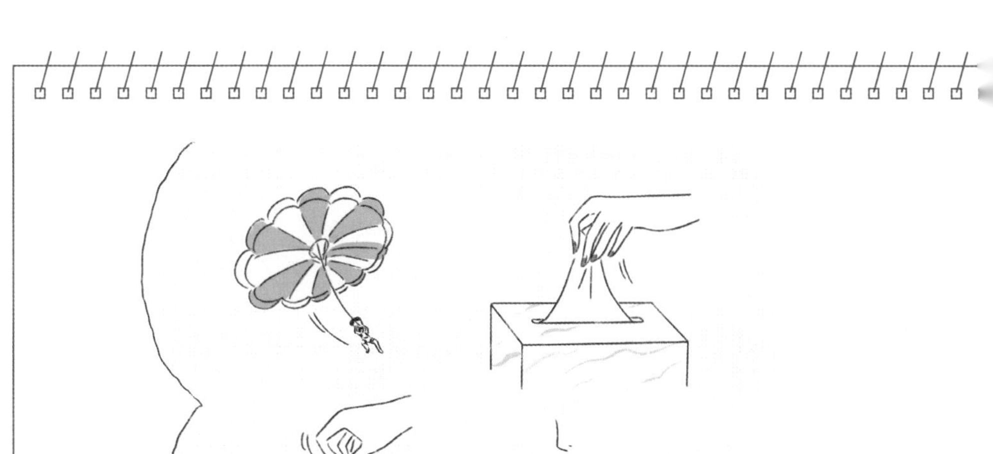

起一條手帕」的例子來表現。我自己還會聯想到東京巨蛋城樂園的飛行傘遊樂設施，輕飄飄地浮起，又輕飄飄地降落。就像這樣，藉由陰道將身體內側輕輕地向上收提、向下放鬆，用這種感覺來控制妳的骨盆底肌。

首先試著
收縮陰道吧

多少能掌握骨盆底肌的感覺之後，就實際試試看收縮妳的陰道吧。

請一邊感受前面所說過的內容，試著以自然的狀態將妳的骨盆底肌向上提起。

首先去想像一束蒟蒻涼麵，將妳的陰道由下往上輕輕收緊，吸起它、別讓它滑下去。有感受到自己的陰道和身體現在是什麼感覺嗎？這股吸起的力量可以向上到多高呢？

CHECK

妳也會這樣嗎？檢查自己是否犯了常見錯誤

以為自己已經「縮緊陰道」，但其實幾乎都做錯了。在這裡介紹大多數人容易犯下的失誤例子。

我有感覺到腹部的肌肉在用力喔～
那只是用腹部的力量縮緊而已！

Yumico's 提醒！不是用腹部的力量而是要感受妳的陰道！

如果使用腹部出力的話，就只會讓腹部收縮，並不能收縮陰道。如果是動到腹直肌等腹部的肌肉，就會影響到用來收縮陰道的腹橫肌，讓它沒辦法動作。不是讓妳的腹部往內凹陷，從內側把陰道由下往上收的感覺才是對的！

有很大的可能性妳並沒有收縮到陰道！收縮肛門的肌肉力量比起骨盆底肌強上許多，要同時作用是很困難的，力量會以約9：1的比例分散掉。妳或許會很在意自己臀部的肌肉有沒有收緊。但不用特意收緊肛門，將骨盆底肌集中，才能確實將陰道向上收緊。

Yumico's
提醒！
比起肛門，陰道優先！
那只是將肛門的肌肉縮緊而已！
我有感覺到肛門收緊了呢～

YumiCoreBody method

要確實運動到深層肌肉，就要「關閉」淺層肌肉

有很多人想要收縮陰道，卻不小心用到了並非骨盆底肌的肌肉。**肌肉可以分為外側的「淺層肌肉」跟深處的「深層肌肉」**。像是腹直肌等淺層肌肉，它們在妳做出大笑、拱背等日常動作時，就會自然而然被鍛鍊到。

另一方面，如果沒有去意識到深層肌肉、啟動深層肌肉，只是維持在一般狀態的話，就還是會先動到淺層肌肉。更進一步來說，如果妳去鍛鍊淺層肌肉、將腹部收緊，就會無法將骨盆底肌往上收緊。如果想要收縮陰道，**就要先將淺層肌肉「關閉」**。妳必須放鬆繃緊的淺層肌肉，**將深層肌肉切換為優先**。

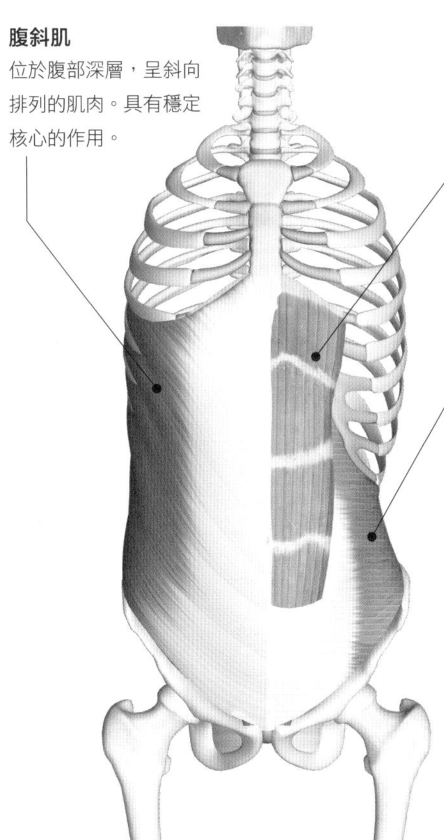
腹斜肌
位於腹部深層，呈斜向排列的肌肉。具有穩定核心的作用。
腹直肌
位於腹部中心，呈縱向排列的肌肉。作用於身體彎曲時。
腹橫肌
位於肋骨於骨盆之間，呈橫向排列，作用於身體扭轉時。

腹直肌為縱向、腹斜肌為斜向運動的淺層肌肉。腹橫肌為橫向運動的深層肌肉。因為淺層肌肉的力量比較強，所以容易使得深層肌肉難以被運動到。此外，如果鍛鍊淺層肌肉，腹部的力量就會往縱向分散，要動到骨盆底肌就更加困難了。

只用到淺層肌肉是無法打造出曲線的喔！

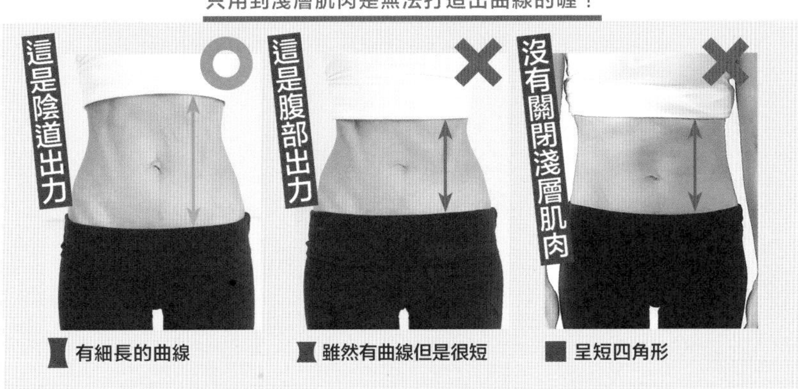
這是陰道出力
這是腹部出力
沒有關閉淺層肌肉
有細長的曲線
雖然有曲線但是很短
呈短四角形

妳的身體是否能夠正確收縮陰道呢？

CHECK

雖然有感受到深層肌肉，但還是無法正確收縮的人，有可能是姿勢出了問題。下面是錯誤的姿勢示範，還請注意自己是不是這樣！

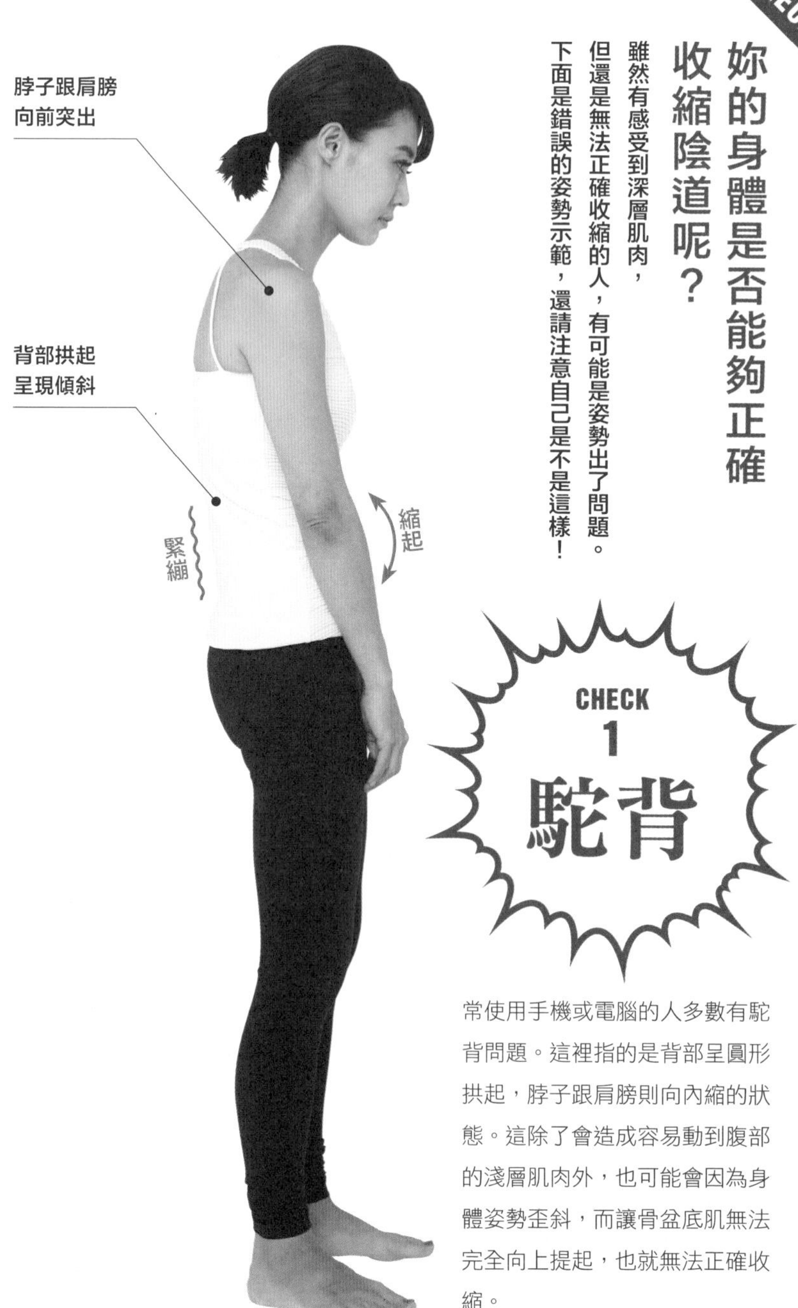

CHECK 1 駝背

常使用手機或電腦的人多數有駝背問題。這裡指的是背部呈圓形拱起，脖子跟肩膀則向內縮的狀態。這除了會造成容易動到腹部的淺層肌肉外，也可能會因為身體姿勢歪斜，而讓骨盆底肌無法完全向上提起，也就無法正確收縮。

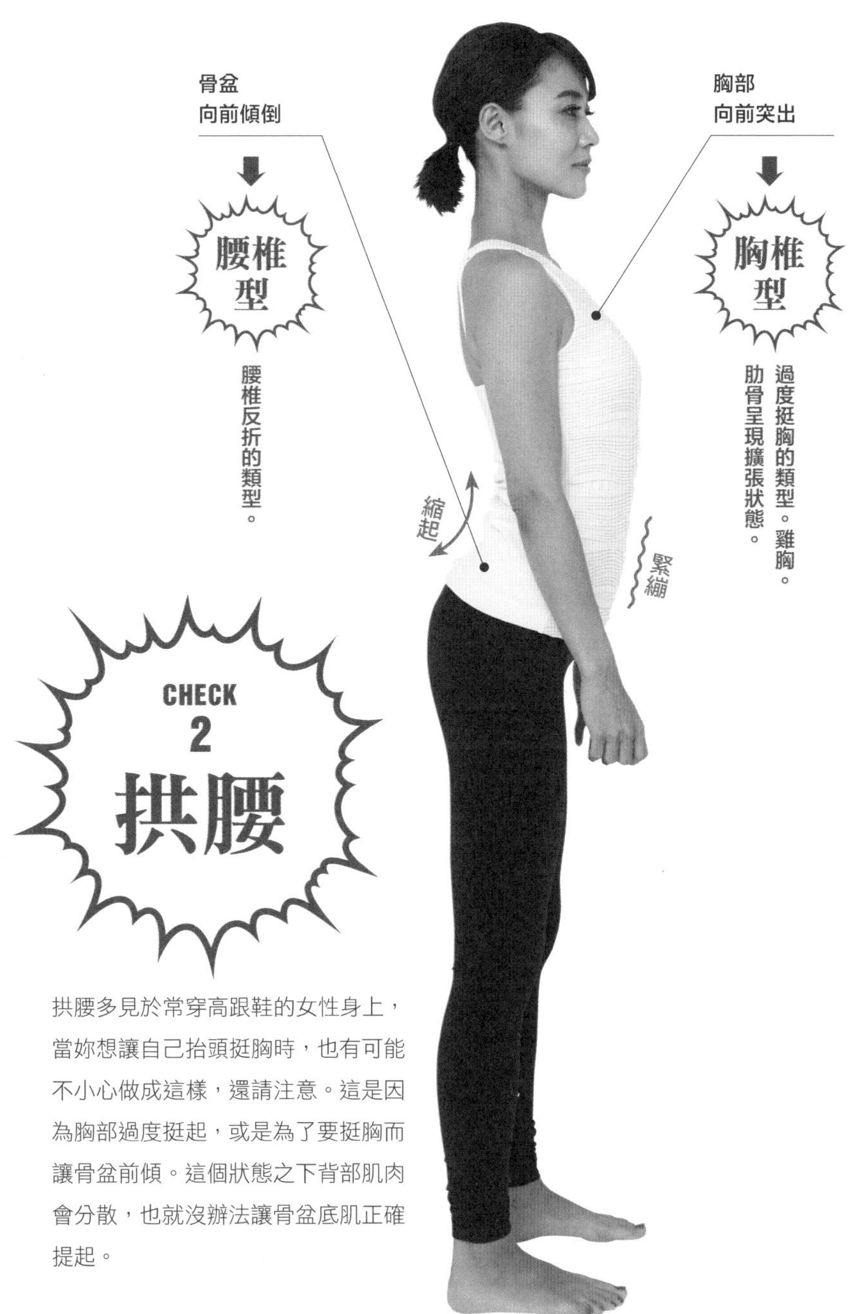

拱腰多見於常穿高跟鞋的女性身上，當妳想讓自己抬頭挺胸時，也有可能不小心做成這樣，還請注意。這是因為胸部過度挺起，或是為了要挺胸而讓骨盆前傾。這個狀態之下背部肌肉會分散，也就沒辦法讓骨盆底肌正確提起。

YumiCoreBody method

髖關節內旋的人無法正確收縮

無法正確縮陰的人的兩大特徵，就是駝背跟拱腰，且有很多人是兩者都有。這兩種情況合併在一起，不只會造成**陰道無法正確收縮**，還會讓大腿前側變粗、小腹向前**凸出**，呼吸也會變淺而導致代謝變差，百害而無一益。現在馬上就來改善吧！

首先，就從幾乎所有女性都會有的拱腰習慣開始吧。事實上，拱腰這個動作是和髖關節連動的，**所以拱腰的人一定會內八，內八的人一定會拱腰**。也就是說，髖關節內旋的話，就會運動不到深層肌肉，也就無法正確收縮陰道。雖然只要外旋髖關節就能修正拱腰，但有很多人身體已經習慣了內八的姿勢，如果沒有意識到膝蓋要**朝向**外側的話，就會

胸椎如果向後反折，就會造成身體前後肋骨到骨盆間的距離有差異。

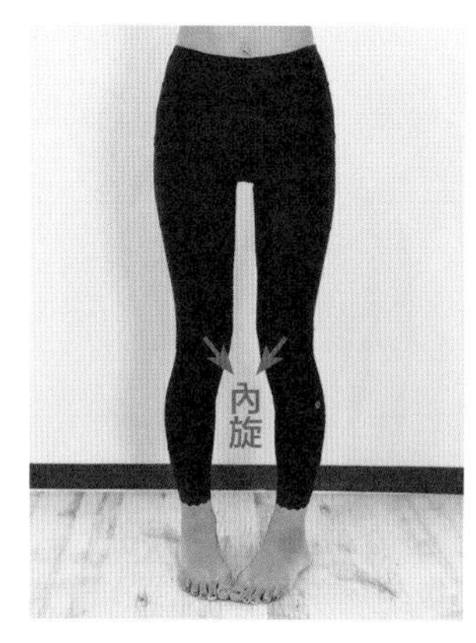

髖關節內旋的狀態下是無法收縮陰道的。必須要讓髖關節回到正確的位置。

馬上恢復原狀。如果要能確實外旋，就必須要**放鬆髖關節，增加關節的可活動區域**才行。

此外，雖然伸展背肌對於矯正駝背來說是必要的，但也有一點需要注意。如果在不拱腰的情況下，做出擴張胸部的動作，胸椎就會向後反折。這樣一來，身體前側從肋骨到骨盆之間的距離會變寬，背後那側則會變窄。如果產生這樣前寬後窄的差異，深層肌肉腹橫肌也會傾斜，而導致陰道無法確實收縮。要讓前後平衡的話，就要**將脊椎周圍的肌肉放鬆**後再進行伸展。關於放鬆髖關節與脊椎周邊肌肉的方法，在後面會仔細說明。

YumiCoreBody method

讓骨盆位置與地面垂直，就能正確收縮

在正確收縮陰道的姿勢中，重要的就是骨盆的位置。骨盆底肌是呈現吊床的形狀，如果像拱腰的動作一樣骨盆前傾，肌肉力量就會分散。如果想要正確運動到深層肌肉，**重點就是讓骨盆微微後傾**。

對身體而言，自然的骨盆位置就稱為「自然位置」（natural position）。通常會用「**與地面垂直**」來表現。然而，幾乎所有女性都有拱腰的習慣，所以明明想著要讓骨盆垂直，卻還是會維持前傾的狀態。

許多人是有意識地將骨盆向後傾之後，才第一次真正回到「自然位置」，所以在此才會請妳

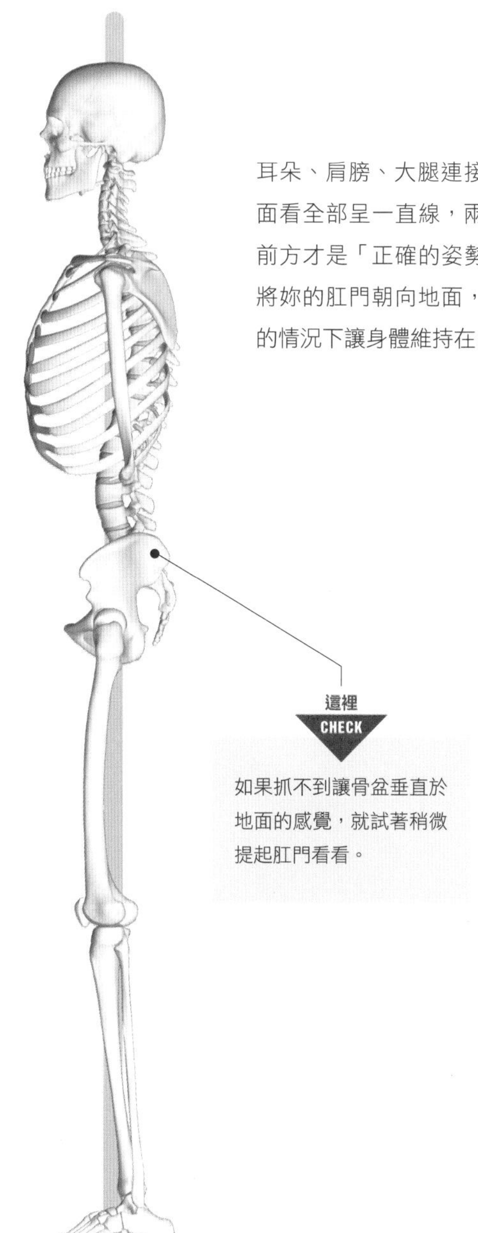

耳朵、肩膀、大腿連接處、膝蓋從側面看全部呈一直線，兩邊膝蓋朝向正前方才是「正確的姿勢」。請意識到將妳的肛門朝向地面，才能在不拱腰的情況下讓身體維持在自然位置。

這裡 CHECK

如果抓不到讓骨盆垂直於地面的感覺，就試著稍微提起肛門看看。

「**將骨盆後傾**」。不過，平時不會拱腰的人如果將骨盆後傾，就容易讓身體姿勢歪掉，所以還請想著讓骨盆垂直於地面吧。請試著確認自己的姿勢。

讓任何人都能正確縮陰的姿勢

只要透過這樣的姿勢讓骨盆自動向後傾，不管是誰都能夠確實收縮陰道。先從容易做到的姿勢開始試試看吧。

How to

躺姿

面朝天花板躺下，膝蓋向上提將骨盆捲起，髖關節與腳部向外側打開。在腰部稍微捲起的狀態下，感覺妳的大腿內側到陰道向上提起。還請要將肩膀先放鬆。

張開到略大於肩寬

將肛門提起

髖關節外旋

肩膀放鬆

後背不要捲起

How to

坐姿

用膝蓋立於地面，兩腳腳跟相碰。手部自然垂下。在骨盆垂直於地面的狀態下，一邊將髖關節向外扭轉，一邊收縮陰部。因為骨盆在正確的位置上，所以會變得更容易收縮。還請一邊慢慢吐氣，一邊將陰道向上收緊。

進一步收縮陰道的薦椎與大轉節訓練

為了進一步收縮陰道，這裡有兩個希望妳先記住的重點。那就是「薦椎」和「髂（ㄎㄚˋ）骨」。薦椎位於骨盆中央，也是身體的正中央（脊椎骨下端）。髂骨則是妳手插腰時會摸到的突出部位，形狀像是蝴蝶。這兩者的嵌合，發揮了像是天然腰帶的作用。

那麼，要怎麼樣收縮呢？那就是在伸展背肌、腰部不拱起的狀態下，去意識到突出於髖關節側面的股骨**「大轉節」**[1]。用微微施力的感覺將大腿內側向外扭轉。接著，請試著**去意識到妳的薦椎是嵌入髂骨之中**（請參考左方圖片）。以此狀態將大轉節向外旋，讓坐骨回正，就能更容易在腹部不施力的情況下收縮陰道。再加上薦椎，透過左下方的「**大轉節訓練**」，就能讓陰道更加容易收縮。

譯註1：即是會出現「假胯寬」的位置。

譯註2：瑜珈中的蚌殼式通常是指側躺進行腿部開合，這裡則改成正躺。

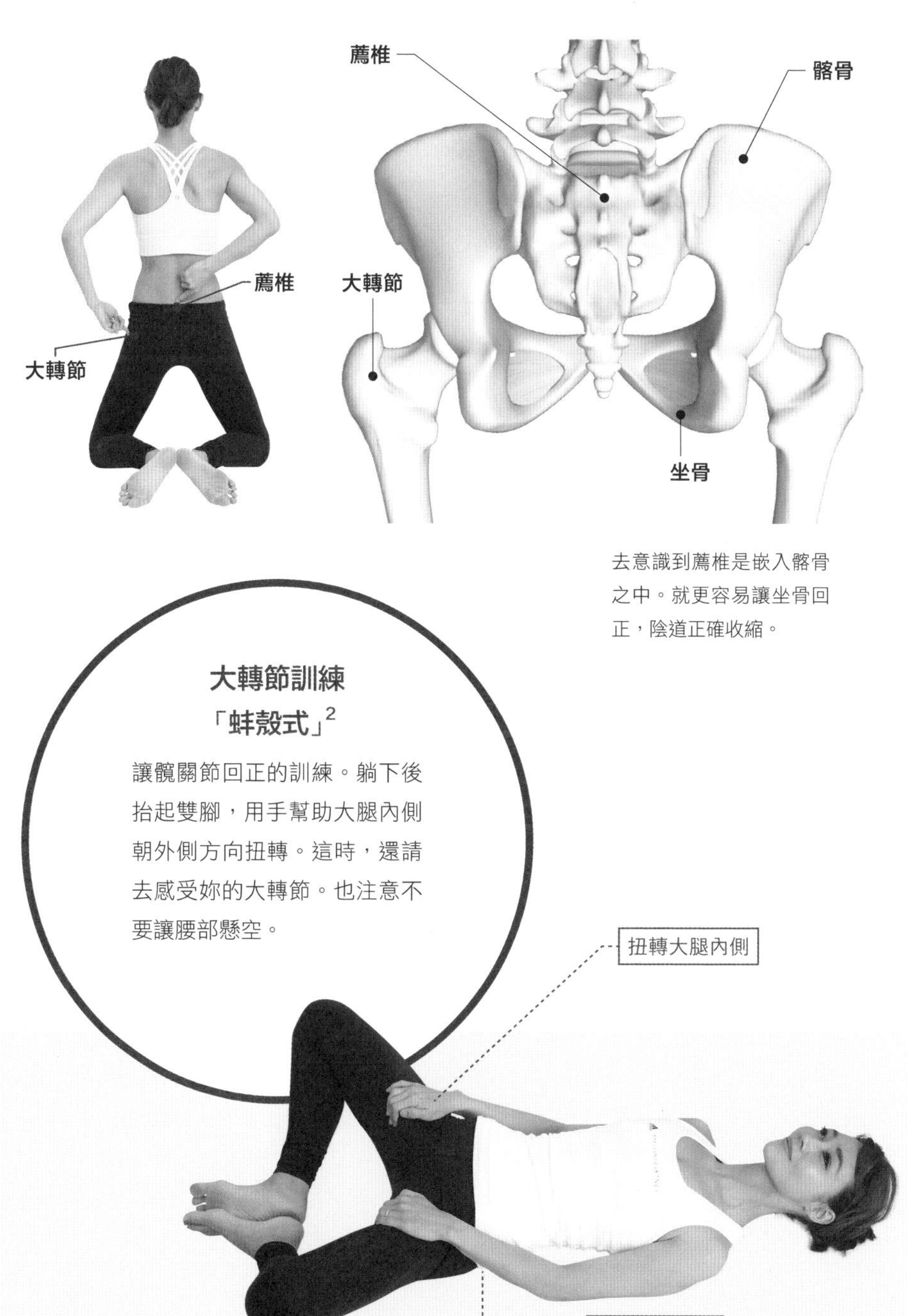

去意識到薦椎是嵌入髂骨之中。就更容易讓坐骨回正，陰道正確收縮。

大轉節訓練「蚌殼式」[2]

讓髖關節回正的訓練。躺下後抬起雙腳，用手幫助大腿內側朝外側方向扭轉。這時，還請去感受妳的大轉節。也注意不要讓腰部懸空。

怎麼收縮陰道的妳
給還是不知道

可能有人即使做了「讓任何人都能正確縮陰的姿勢」，還是「覺得自己好像有縮緊，但又不是真的很確定……」。這的情況或許不是姿勢的問題，有可能是**妳的骨骼讓妳的深層肌肉動不起來**。

髖關節或腰部僵硬的人可活動的區域會很小，所以很容易去動到外層肌肉，不小心對腹部或臀部施力。這種情況，可以想成妳目前的狀態是把外層肌肉放在優先。

也就是說，如果想把深層肌肉切換為優先、讓它動起來的話，在做這些姿勢前得要先做好準備。妳必須**把容易僵硬的髖關節或腰部、腹部鬆開，提高柔軟度，先擴大可活動範圍**。

CHECK

妳的身體可以正確縮陰嗎？檢查姿勢

身體可否正確縮陰，只要看動作就一目瞭然！還請試著檢查自己的狀態吧。

妳的膝蓋碰得到胸口嗎？

如果在完全躺平的狀態下，妳的膝蓋可以碰到胸口的話，代表妳的骨盆有柔軟度，是「可以縮陰的身體」。

膝蓋離胸口太遠，就代表妳髖關節緊繃、骨盆可動區域狹小，也就無法正確收縮陰道。此外，如果腰部或肩膀浮起來也不行！

YumiCoreBody method

妳的身體就像穿上了超緊身衣，所以必須「**放鬆**」！

無法正確縮陰的主要原因，**在於身體外側（皮膚、筋膜、淺層肌肉等）的張力**。雖然也有人是因為健身或骨骼等因素，導致身體變硬；但影響最大的，其實是**每天的姿勢和無意識中日積月累的習慣**。

在皮膚底下包覆著肌肉的膜稱為「筋膜」，如果長期姿勢不良，筋膜的纖維就會變得緊繃，喪失水分而變得難以伸縮。筋膜就像是緊身衣一般包覆全身，所以也會壓迫到肌肉、骨頭和關節，導致可活動範圍變狹小。還請想像自己穿著ＸＸＳ號的緊身衣。應該會覺得很難活動吧？（笑）長期維持不良姿勢的身體，正是這種狀態。如果想讓身體能

自由活動，就必須要將緊身衣放大到L號才行。

在這裡需要的就是「放鬆」的流程。藉由**在身體施加壓力後再放鬆**，讓筋膜的水分回復，讓可活動範圍變大。達到這樣的狀態之後，才是真正開始收縮陰道。如果省略放鬆，陰道也會變得比較難收縮。也就是說，光是這個動作就扮演了相當重要的角色。反過來說，**只要好好放鬆身體外側、調整姿勢，也就能正確收縮陰道**。為了打造「能正確縮陰的身體」，還請先熟悉正確的放鬆方式吧。

YumiCoreBody method

放鬆和伸展，打造能夠自然縮陰的身體

放鬆僵硬的身體，養成正確的姿勢，陰道自然就能收縮。
從這邊開始，將為您介紹打造「能正確收縮的身體」的三項流程。

放鬆

無法正確收縮陰道的原因，在於姿勢不良以及身體外側肌肉僵硬。首先先放鬆筋膜，讓自己更容易活動，也一邊將自己調整成能動到內側深層肌肉的姿勢。

參閱～P45

伸展

如果脊椎狀態不佳，特地調整好的姿勢就會馬上變回原來的樣子。藉由伸展讓脊椎回復柔軟的狀態，就能夠確實維持縱向伸展的姿勢。

參閱～P65

打造24小時都能縮陰的身體

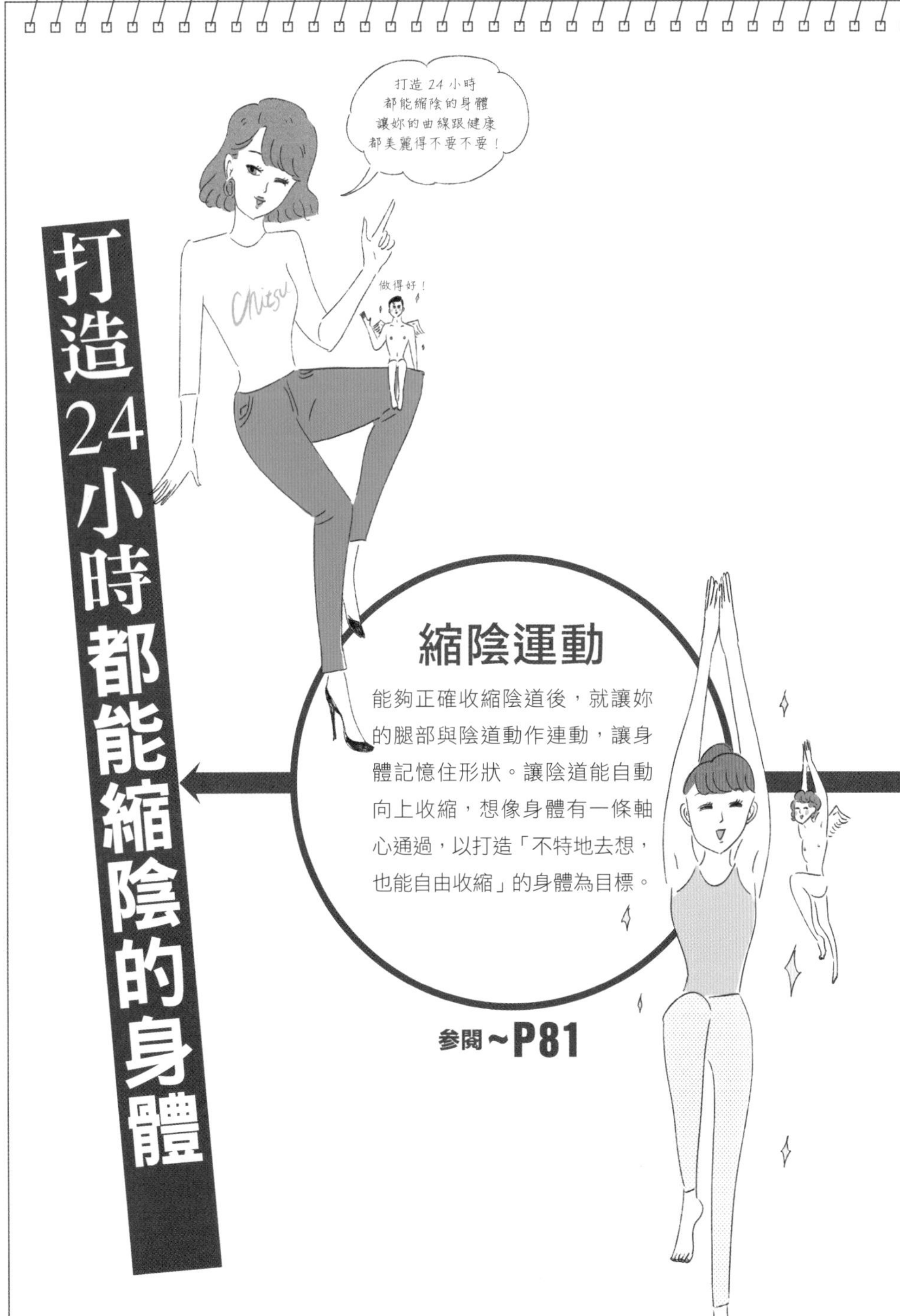

打造 24 小時
都能縮陰的身體
讓妳的曲線跟健康
都美麗得不要不要！
做得好！

縮陰運動

能夠正確收縮陰道後，就讓妳的腿部與陰道動作連動，讓身體記憶住形狀。讓陰道能自動向上收縮，想像身體有一條軸心通過，以打造「不特地去想，也能自由收縮」的身體為目標。

參閱~P81

COLUMN 01

騎腳踏車也能一邊做縮陰運動！

騎腳踏車是最好的縮陰運動時間。

要掌握將陰道向上收縮的感覺，腳踏車坐墊的形狀是最合適的。想像妳的坐骨像夾娃娃機一樣將坐墊抓住、往上提，應該會很好懂。

一邊踩腳踏車，一邊想像妳的陰道彷彿向上收縮至肩胛骨內側，腿部則像是直接從該處長出來一樣。用這樣的方式踩腳踏車，就不會給大腿前側帶來太大的負擔，也能讓髖關節確實外旋，進而達到提臀的教果。就算長時間騎車也不會累，也能一邊進行訓練，可說是一石二鳥。最近我愈將電動自行車切換為腳踏模式再騎，就愈覺得樂在其中。

PART 2

首先，站上縮陰運動的起跑線吧

為了打造能縮陰的身體所需的筋膜放鬆運動

我所說的「放鬆」，指的就是所謂「放鬆筋膜」。如果因長期姿勢不良等原因導致筋膜沾黏，身體的可活動範圍就會變得狹小。放鬆筋膜就是鬆開沾黏的筋膜，使其回復柔軟的狀態。在我的運動方式中，放鬆的流程是最花時間的。**原因在於，如果身體外側仍是僵硬的狀態，就無法好好動到內側的肌肉，就算進行縮陰訓練也難以達到效果。**當妳能夠關閉外側的肌肉，才算是真正能夠開始進行縮陰運動。

雖然筋膜分布在我們的全身，不過此運動方式是特別針對幾個重要的點，包括了：臀中肌、髂腰肌、腹斜肌、豎脊肌、股外側肌、腹直肌、胸小肌。對於用以維持正確姿勢的肩胛骨、髖關節、骨盆而言，要增加可活動範圍，這七處肌肉不可或缺。

放鬆時的重點在於，**要一邊確實施加壓力，一邊將肌肉拉開**。因為筋膜是位於深層，如果只做表面是不行的。請針對特別僵硬的點，使用球等道具以自己的體重施加壓力。出力按壓、放鬆糾結的筋膜，並在此狀態下朝將身體四面八方延伸出去。

無法好好縮陰的人，身體也大多相當僵硬，一開始可能會覺得很痛。雖說如此，特別痛的地方，可能就是因為筋膜沾黏而變得動不了的地方，**因此更需要加強放鬆**。如果有好好放鬆的話，就會感覺身體變得柔軟、動作更容易貫穿身體的軸心；如此一來就能常保正確的姿勢，讓妳即使不上健身房，也能夠維持住身體曲線。放鬆緊繃的身體、增加可活動的範圍，更能夠加速新陳代謝。也有人光是學會放鬆，就瘦了好幾公斤。放鬆也能夠消除身體僵硬，所以忍點痛是很值得的！

YumiCoreBody method

基本的放鬆

使用自己的體重施加壓力

為了放鬆身體深處的筋膜，必須施加較強的壓力。藉由將自己的體重集中在球上，可以精確壓迫到重點處。

在施加壓力的狀態下伸展

在施加壓力的狀態下活動、伸展身體，就能夠伸展僵硬緊繃的筋膜。訣竅是不要只朝一個方向伸展，而是朝斜向、橫向等不同方向伸展。

放鬆

憋住呼吸的話，就會因為用錯力而讓身體變得僵硬，還請注意。就算感到疼痛，也不要忘了呼吸，以放鬆的狀態進行動作。請一邊慢慢吐氣，一邊放鬆。

可使用的球道具

Hoggsy筋膜放鬆球

白色的面較柔軟，藍色的面較堅硬。可以視要放鬆的地方和狀態使用不同顏色的面。

這是筆者原創開發的Hoggsy筋膜放鬆球。恰好好處的尺寸、軟硬度，專為深入放鬆肌肉而打造。可於日本亞馬遜商店購入（定價4,980日圓）。

也可以…

使用網球。

可恰到好處地施加壓力，尺寸和軟硬度也是上選。

CHECK

檢查自己是否有真正放鬆吧

3 有感覺到身體輕盈而柔軟

如果在消除緊繃感之後再進一步放鬆，身體就會變得像棉花糖般輕盈。做到這步就是「真正的放鬆」了。還請以此狀態為目標吧。

2 有覺得緊繃感瞬間消除

前大腿等肌肉優先動作、容易有負擔的部位，常常會僵硬緊繃。只要確實伸展，就能夠消除緊繃，讓其回復柔軟的狀態。

1 施加壓力時會感到疼痛

這代表有確實瞄準到筋膜沾黏的點。反過來說，如果不覺得痛，就有可能是球放的位置錯誤，或是施加的壓力不足，還請注意。

放鬆時，要注意這些地方！

請將球抵在正確的位置

如果施加壓力的位置偏掉，就無法達到放鬆的效果。此外，按壓的點有可能會刺激到神經，導致發生身體麻掉等症狀，還請注意。

請不要將球放在骨頭上

如果對鎖骨、肋骨等較細的骨頭施加強烈的壓力，有可能導致骨頭裂開或骨折的風險。還請注意不要將球放在骨頭上，而是要抵在肌肉上。

請不要拱腰

在拱腰的狀態下，球是無法準確抵到筋膜的，施加的壓力也會被減弱。確實將球抵在緊繃的肌肉上是很重要的！

過於疼痛的點就停下

放鬆時如果沒有一定的強度，就無法達到效果，所以適度的疼痛是必要的。不過如果痛到連身體都變僵硬的話，就有可能是動到淺層肌肉，還請停下。

放鬆的時間請不要太長✕

雖然希望各位能確實放鬆，但如果時間太長也是不行的。這樣有可能會傷到筋膜，甚至有可能讓骨頭裂開。一個動作長度建議90秒～2分鐘之間。

放鬆 臀中肌

臀中肌位於骨盆側邊，會和臀部一起運動。久坐的上班族或是有拱腰習慣的人會因為血液循環不良，而導致臀中肌痠痛，髖關節僵硬、內旋。

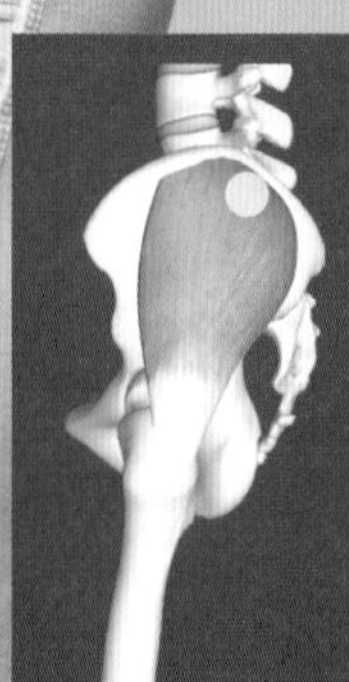

球要抵在
這裡！

BALL

左右各 90 秒

How to

將髖關節向外打開
對骨盆橫向施壓

將球放在恰好位於骨盆側面的點，以自己的體重加壓。將放球那側的腳跟放在另一側的膝蓋上，一邊伸展髖關節，一邊進一步加壓。另一側也重複相同的動作。

放鬆 髂腰肌

與前大腿和腰部相連，用以維持姿勢的肌肉。如果常常久坐不動，髂腰肌就容易變得緊繃；如果維持這樣站著，就會變成拱腰的狀態。放鬆髂腰肌也有改善腰痛的效果。

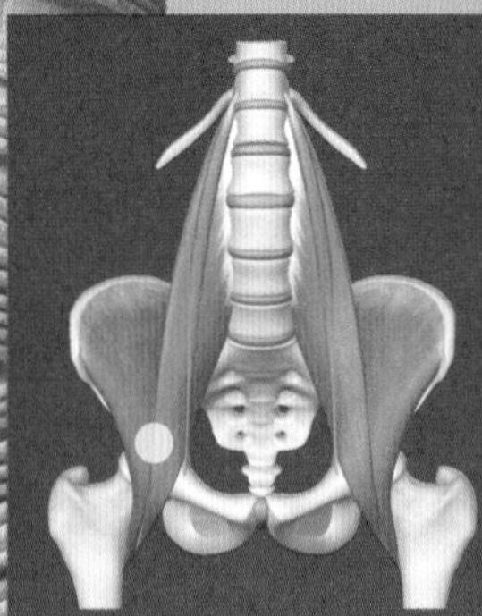

球要抵在

這裡！

BALL

左右各 90 秒

將肛門朝向下方

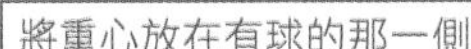

How to

在稍微高於鼠蹊部處 以球施加壓力

從骨盆右側往內一個球的位置，將球至於稍微高於內褲線的點上，俯身趴下。左腳彎曲、肛門朝向下方，以這樣的狀態將骨盆捲起，施加壓力。

將下半身斜向拉開 進一步增加壓力

一邊讓腰部下沉，把球壓扁；一邊將身體緩緩朝斜向拉開，逐漸伸展緊繃的肌肉。另一側也重複相同的動作。

不要忘了呼吸！

動作要緩緩進行

球要抵在
這裡！

放鬆腹斜肌

包覆骨盆的腹斜肌，是在扭轉身體時會用到的肌肉。因為平常幾乎不會用到，所以很容易僵硬緊繃；但只要放鬆腹斜肌，就能使呼吸更順暢，同時讓曲線變緊緻。

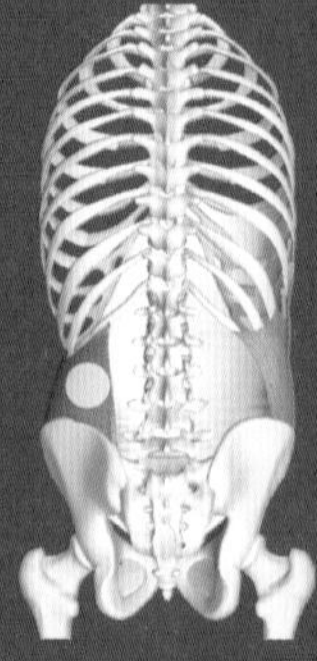

左右各 90 秒

膝蓋確實靠近胸口

讓臀部騰空

重心放在有球的那側

How to

將球置於骨盆上方的位置並沿著髂骨移動

將球放置於骨盆上方的位置，身體仰躺。兩腳彎曲，一邊將骨盆捲起，一邊讓妳的膝蓋靠近胸口，施加壓力。就這樣壓住球，並讓球沿著妳骨盆的髂骨左右滑動。

將腳放於膝蓋上就能進一步加強壓力！

將妳的左腳放到右膝蓋上，施加在球上的壓力就會變多，放鬆效果也能獲得提升。另一側也重複相同動作。

肛門向上提起

放鬆 豎脊肌

豎脊肌是沿著脊椎延伸的肌肉，支撐腰部到頸部之間背肌的動作。離骨盆近的部分容易僵硬，也是造成背肌緊繃的原因。

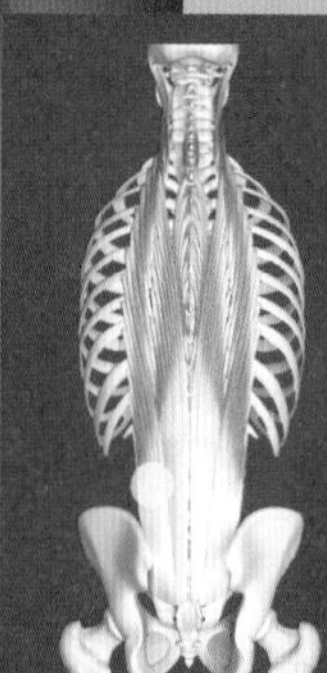

BALL

球要抵在**這裡！**

左右各 90 秒

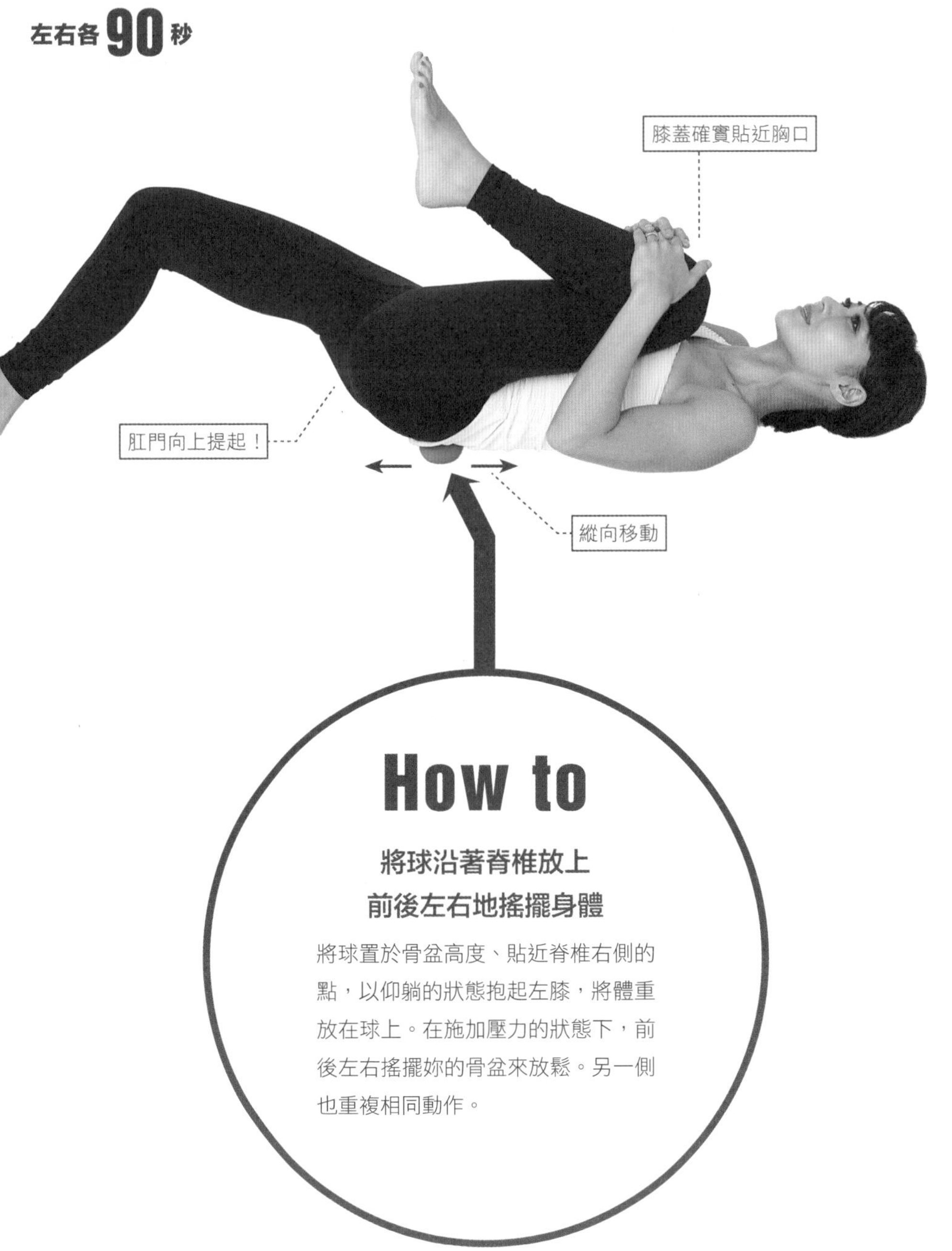

How to

將球沿著脊椎放上
前後左右地搖擺身體

將球置於骨盆高度、貼近脊椎右側的點，以仰躺的狀態抱起左膝，將體重放在球上。在施加壓力的狀態下，前後左右搖擺妳的骨盆來放鬆。另一側也重複相同動作。

放鬆 股外側肌

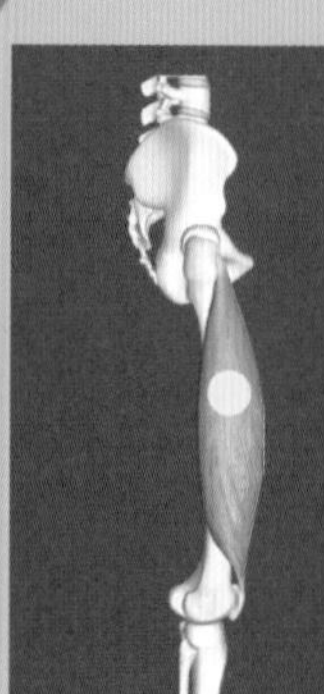

髖關節內旋、僵硬的人，位於大腿前側的股外側肌容易向外繃緊。只要確實放鬆，就能增加髖關節的可活動範圍。

球要抵在
這裡！
BALL

左右各 90 秒

How to

**將球置於骨盆下方，
施加壓力後上下移動**

在骨盆往下一個球的位置抵上球，將身體朝橫向下沉，施加體重。上腳朝斜前方伸出，身體朝下方傾斜。一邊將僵硬處按壓開來，一邊上下移動球。另一側也重複相同動作。

放鬆 腹直肌

腹直肌位於肋骨下方，是日常動作常使用到的肌肉，所以也很容易僵硬。腹部如果緊繃，就無法動到深層肌肉，所以放鬆腹直肌是必要的。

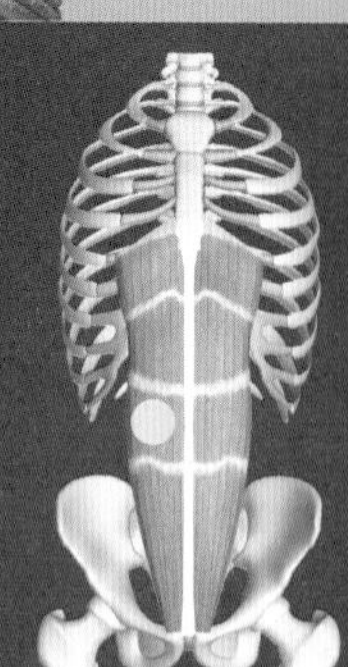

球要抵在這裡！

左右各 90 秒

也可以只抬起跟放球的
那側相反側的腳
膝蓋彎曲，腰部下沉
胸口打開！

How to

**在胸口打開的狀態下
對肋骨下方施加壓力**

將球置於肚臍的右側，以自己的體重施加壓力。重點在於，在胸口打開、腹直肌伸展的狀態下用球抵住。動起來可能會很痛，只抵著也是OK的。另一側也重複相同動作。

放鬆 胸小肌

放鬆位於鎖骨下方凹陷處的胸小肌，能有效改善圓肩的問題。胸小肌和肩胛骨相連，放鬆該處肌肉可以讓肩膀往後收，也可以消除駝背。

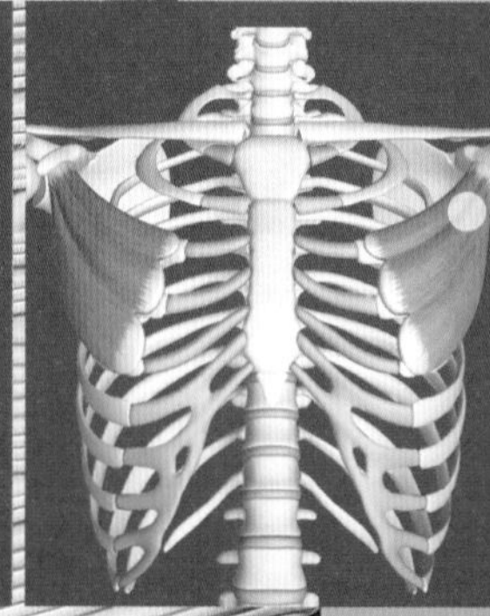

左右各 **90** 秒

將肩膀向後拉

不要放在骨頭上！

How to

對上肢施加體重
壓迫鎖骨下方的凹陷處

將球置於鎖骨下方凹槽處，稍低於圓形骨頭的地方。腰部騰空，上肢往下沉，一邊移動臀部一邊施壓。這時肩膀如果向後拉，肌肉就會被拉開，球也比較容易抵到正確位置。另一側也重複相同的動作。

手臂放在肩膀側邊呈九十度彎曲。

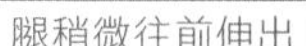
腿稍微往前伸出

從正上方俯視是這種感覺
還請注意腳和手的位置

放球那側的手臂呈九十度彎曲，一邊伸展肌肉一邊做動作。另一側的腳則稍微往前，加強壓力。

COLUMN 02

調整腳掌重心，才能維持正確姿勢

處於骨盆垂直於地板的站姿時，重點在於重心要往後放。在拇指與食指之間的延長線上、位於腳踝下方處有著連結深層肌肉的肌肉；如果將重心放在該處，就能更輕鬆地將骨盆底肌向上提。不過如果是沒有足弓（扁平足）的人，有可能會難以抓到重心。如果沒辦法確實踩好腳步，就無法縮緊陰道，大腿外側等地方的負擔也會增加，造成腿部容易往外側張開。

想要改善扁平足的話，放鬆腳底是很有效的。可將球踩在腳下，施加身體重量後在腳底滾動，藉此放鬆筋膜。只要調整足弓，就能更容易抓到重心。

PART 3

讓妳不管何時

都能進行縮陰運動

的伸展操

如果不在站立時也能做，就沒有意義了

在六處肌肉都已經放鬆的狀態下，試著做做看「讓任何人都能正確縮陰的姿勢」吧。在放鬆前不知道自己到底有沒有正確縮陰的人，應該也能感受到陰道向上提起的感覺了才對。不過，還請維持這樣的狀態站立看看。妳的陰道還維持在收縮的狀態嗎？只要用我指定的躺著轉身姿勢，或是用膝蓋撐地的姿勢放鬆身體的施力，骨盆就容易保持與地面垂直的狀態。但如果馬上就解除姿勢站起身，骨盆就會難以保持垂直。

不管是躺著也好、站著也好，我們都要以打造**「不管何時都能收縮陰道、內建軸心的身體」**為目標。這時妳要去想像的就是「將妳的陰道一直向上收縮至頭頂」。在站立的姿勢中，則應該會停在大約腹部的位置。

將陰道向上收縮至頭頂，**關鍵就在妳的「上肢」**[1]。「明明是收縮陰道，關鍵卻在上肢？」妳可能會覺得很意外，但上肢的狀況如果不好，就會從骨盆開始給身體帶來很大的影響。當然，不要拱腰是大前提；但除此之外，如果上半身不維持在正確的姿勢，是絕對沒辦法「將陰道向上收縮至頭頂」的。

調整上肢最有效的方法就是**「伸展」**。簡單來說，就是**「讓軸心通過身體」**。也就是說，要讓深層肌肉中的多裂肌[2]動起來。如果脊椎關節拉開間隔、向上提伸；身體就會呈現向下吊的狀態。伸展時有數個重點，藉由意識到這些重點，就能讓身體穩定住像有一條軸心從陰道穿過頭頂的姿勢。也會感覺到手腳變得輕盈。

重要之處就在於伸展。如果身體鬆散無力，就無法縮緊陰道。伸展開來的身體，則能自然而然地縮緊陰道。放鬆因淺層肌肉而緊繃的腹部，藉由伸展建立身體的軸心。只要好好遵守這個流程，就能進一步運動到深層肌肉，一口氣改變妳的身體！

譯註1：所謂的「上肢」，包含了肩胛骨、鎖骨的上臂、前臂與手部。

譯註2：位於脊椎深層的核心肌群之一，協助脊椎的穩定與伸展。

YumiCoreBody method

縮陰運動 所需要的 Yumico式伸展

只要學會Yumico式伸展，就能穩定妳的姿勢，確實收縮陰道。但反過來，如果做的方式錯誤的話，也有可能造成姿勢不正。還請一邊注意下列5點，實際挑戰看看吧。

1 讓骨盆回到正位

如果骨盆前傾，身體的軸心就會歪掉而無法好好伸展。按壓妳的骨盆，讓妳的手掌垂直於地板，就能讓骨盆回到正位（自然位置）。

2 不是打開肋骨，而是打開鎖骨

想像鎖骨之間有顆像超人力霸王一樣的胸燈，像是用胸口的燈照亮前方般地打開鎖骨。這時請不要讓妳的腰拱起，這樣打開胸口的話會變成是肋骨打開，動作就錯了。不是打開肋骨，而是要打開鎖骨。

NG

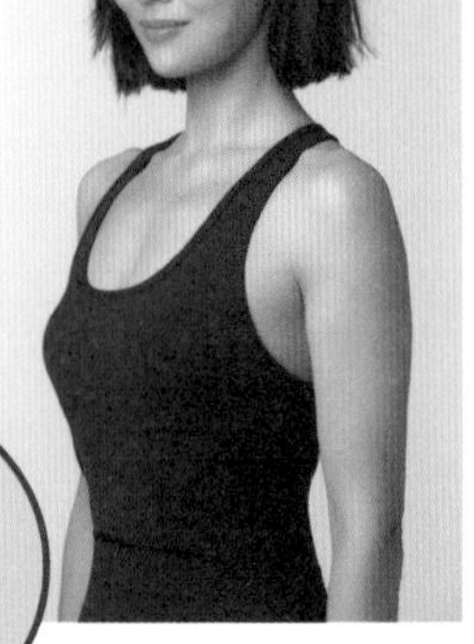

3 肩胛骨夾緊下收

駝背的人肩膀和脖子會向前突出，呈現僵硬的圓肩狀態。藉由將肩胛骨夾緊下收這個動作，就能消除圓肩。這是為了能進一步張開鎖骨，以及大幅度開闔肋骨，進行更深層的呼吸。頸部和骨盆的位置也要保持穩定。

4 拉開骨頭之間的縫隙，伸展背肌

將脊椎關節與關節之間的縫隙一個個拉開，想像將妳的薦椎向上提，逐步進行伸展。這可以運動到稱為多裂肌的脊椎深層肌肉，伸展背部的肌肉，身體也會垂直拉伸，妳就能感受到身體的軸心。

5 用被吊起來的感覺延伸到頭頂

拉抬下巴，頸部位置也向後提起，伸展妳的頸部後方。一邊想像從頭頂被吊起來，一邊將身體拉長伸展，這樣應該就能感受到身體有一直線通過軸心的感覺。如果能感受到這個身體的軸心，就能夠正確地進行伸展。

打造站立時也能縮陰的柔軟胸椎

如果能做到正確伸展，**就能穩定姿勢，讓陰道自然而然地收縮**。我本身也是在藉由伸展感受到上肢之後，身體進一步產生了變化。脖子變長、臉變小，身體變得更有曲線，而且更加健康了。只要暢通身體的軸心，就能實際感受到各式各樣的效果。

不過，如果什麼都沒去感受就突然做伸展的話，有99%的人都沒辦法把動作做到正確。最難的就是，**在打開鎖骨的時候不要打開肋骨，將肩胛骨輕輕夾緊下收**。無法正確做好動作的最大原因，在於妳胸椎的狀態，最近有很多人因為滑手機和用電腦而有駝背傾向，幾乎所有人的胸椎都是蜷曲僵硬的。也有人會為了掩飾駝背，試圖讓姿勢好看而打開肋骨、拱起腰部。這可以說是導致拱腰的原因。此外，因為頸椎與胸椎相連，如果為了保持平衡，而變成將頸部向前伸的姿勢，臉會變大，脖子也會跟著變短。不管是為了伸展，還是為了擁有健康的身體，讓僵硬的胸椎恢復柔軟、好動的狀態都是必要的。

如果胸椎僵硬，就無法好好伸展。如果能藉由伸展與胸式呼吸的組合，打造出柔軟的胸椎，就能讓陰道在站立時自然而然呈現縮緊的狀態。

藉由胸式呼吸放鬆胸椎

放鬆胸椎的方法之一就是「胸式呼吸」。胸椎的骨頭是縱向相連，但如果骨頭與骨頭之間僵硬緊繃的話，要動起來就會變得很困難。胸椎柔軟的人能夠進行更深層的呼吸。**只要大幅度活動肋骨，就能強化身體曲線；深層的呼吸也能夠提升新陳代謝。**只要一邊伸展、一邊呼吸，身體循環就會變好。

此外，活動到上肢的伸展（第74頁起），**也有增加胸椎可**

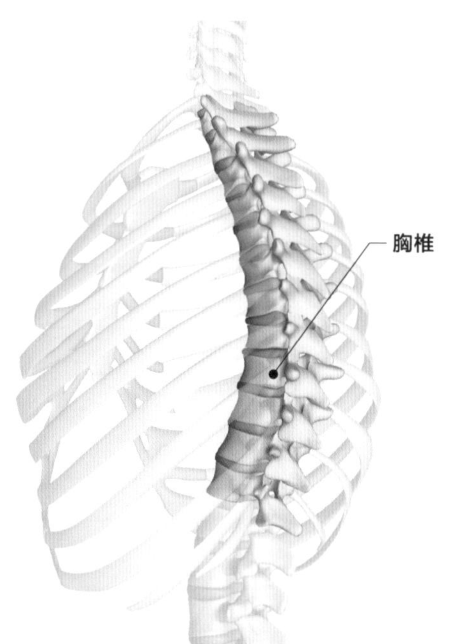

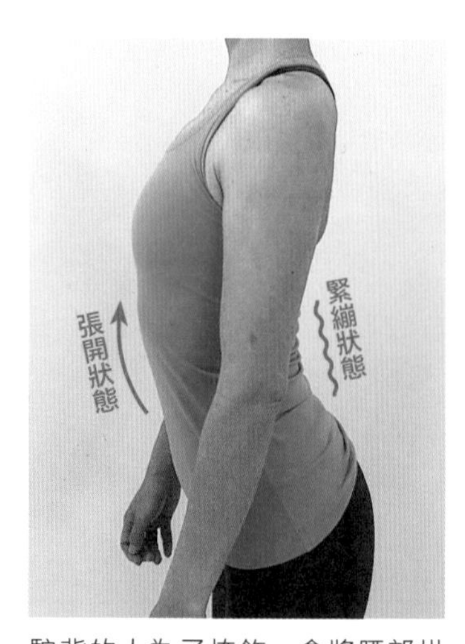

駝背的人為了掩飾，會將腰部拱起，肋骨也會跟著凸出。這是伴隨駝背而來的拱起。也是女性中最常見的例子。

活動範圍的效果。就算只是微微地左右搖擺脊椎，也有放鬆的成分在；所以只要能藉由伸展旋轉平常活動量少的胸椎，就能增加骨頭與骨頭之間的空間，讓胸椎變得柔軟。訣竅就在於：**頭部和骨盆要保持固定**，但同時要確實旋轉妳的胸椎。

就算說頸部的位置掌控了所有姿勢也不為過，這是很重要的一點。**只要確實穩定妳的頸部和腰部，維持身體軸心**，就能感受到自己的身體在一整天都保持在能縮陰的狀態。

深層肌肉能改變妳的身體與日常生活！

說到瘦身和雕塑身材，大多數的人應該都會聯想到健身。這裡說的健身，大多是以淺層肌肉為主的肌肉訓練。如果激烈活動身體，確實能獲得一種「我做到了」的感覺；但如果只從外側鍛鍊身體，身體就只會變得硬梆梆又粗壯。如果身體變成這樣的狀態，實際上會比沒在鍛鍊的身體還難改變。

另一方面，我的方法是使用到深層肌肉，在動作上則是相當低調。但如果實際嘗試，應該就會覺得這其實比肌肉訓練還辛苦幾十倍。有很多女演員都是我私人訓練課程的學員，這些重視美麗的女性也是上了課之後才開始意識到深層肌肉的重要性。因為在過去都只訓練淺層肌肉，大家都對使用深層肌肉的難度感到吃驚。然後，在跨越這樣的難關、能感受到自己的陰道（會陰部），並且由下而上將身體拉提收緊後，就能感受到和肌肉訓練大為不同的感覺與效果，也能實際感受到身體有了明顯的差異。也有許多人給予回饋表示：她們不只消除了身體不適，肩部線條與腿部也變得纖柔美麗，臉也變小了。

就實際層面來說，淺層肌肉在日常生活中的重要程度並沒有那麼高，只要運動到淺層肌肉，就足以維持相當健康美麗的身材。實際上，我在沒有健身的狀態下也能維持體態，不管怎麼走路腳部都很輕盈；就算吃得很多，隔天一早身體就恢復原本的曲線了。每天活得既愉快，又幸福。這種深層肌肉開花結果的感覺，希望各位也能用身體試著感受到。

肩胛骨呈現打開的狀態

彎曲呈90度

1

側身躺下，
兩隻手臂併攏前伸

側身躺下後，兩膝呈90度彎曲，伸展妳的手臂，手心闔起。膝蓋不要錯開。

手臂開闔 伸展

活動肩胛骨，讓妳的上肢做大幅度開闔，旋轉胸椎並伸展。放鬆胸椎的關節，增加可活動範圍，就能夠讓妳的背部和呼吸都變得輕鬆。

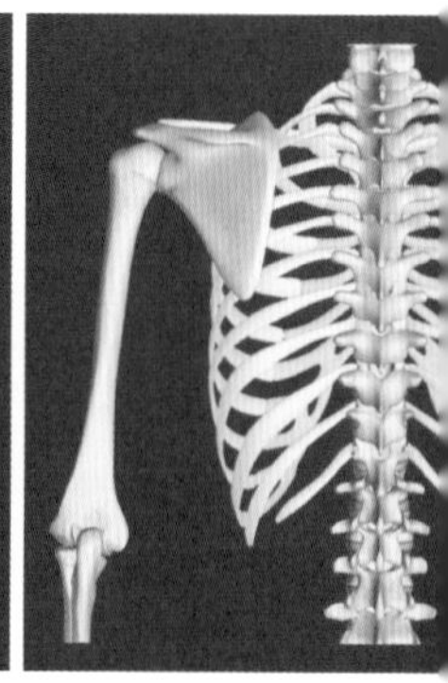

左右各**5**個回合

2

緩緩張開上半身
手臂呈現垂直向上

將上半身張開到手臂與地板垂直為止。請想像妳的手臂是從肩胛骨處延伸出來的，而非從肩膀處。這時，還請注意頭部與骨盆的位置不要移動。

請意識到手臂的活動是從肩胛骨開始的

3

一邊夾緊肩胛骨，
一邊將手臂放至地面

去感受到妳張開手臂那邊的肩胛骨是朝脊椎骨集中，一邊張開鎖骨並且緩緩旋轉胸椎至手臂放於地面。另一邊也重複相同動作。

不要停止呼吸

伸展妳的頸部

1

伸展頸部後方
雙手雙膝跪地

兩邊膝蓋張開至與妳的骨盆同寬，右手放在妳的肩膀正下方。左手則放在稍微更靠近右手那側的位置。請注意不要將腰部拱起，讓妳的頸部後方可以拉長延伸出去。

腰部不拱起！

四足跪姿 伸展

以脊椎骨為軸心，旋轉胸椎的伸展動作。活動肋骨時骨盆要維持在固定的狀態，放鬆僵硬的胸椎之間的空間，使其變得柔軟可動。

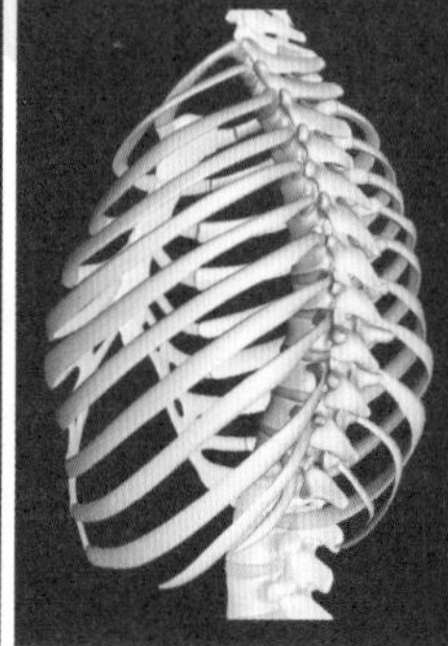

左右各 5 個回合

2

抬起那側的肩胛骨
往脊椎貼近
並旋轉妳的上半身

左手離地，抬至妳的耳朵後方，一邊讓抬起那側的肩胛骨往脊椎貼近，一邊張開妳的上半身。不要移動骨盆，要在維持頸部與背肌伸展的狀態下旋轉，這點相當重要！過程中要深呼吸。另一側也重複相同動作。

然後，再次嘗試收縮陰道吧

進行伸展之後，在站立的狀態下再次嘗試收縮陰道吧。妳現在應該能夠順利將陰道向上收縮了。為什麼現在可以了呢？**這是因為骨盆已經回到正位，能夠正確伸展**的緣故。

到目前為止的流程，都是打造出「能縮陰的身體」所不可或缺的步驟。為了運動到深層肌肉，就必須放鬆僵硬的筋膜；也必須調整變成拱腰的骨盆位置。再來，伸展胸椎、讓它變得更好活動之後，就要透過伸展來暢通身體的核心。……就像這樣，要縮陰其實是很辛苦的。

當妳懂得如何縮陰之後，接著就一定要放鬆。也就是說，**雖然不能老是隨意放鬆陰道，但也不能持續縮緊**。而是要藉由時縮時放的動作來放鬆陰道，讓其維持在柔軟的狀態，這點相當重要。

培養陰道柔軟度的第一個必要動作就是「**腹式呼吸**」。腹式呼吸是最適合用在有意識地將陰道向上收縮時的呼吸法。**吸氣的時候放鬆陰道，吐氣的時候縮緊陰道**，藉由這樣的控制方式，就能培養出有柔軟度的深層肌肉。

人類一天要呼吸兩萬次，如果能配合呼吸進行縮陰運動，就有相當的訓練量了。首先從鼻子吸氣，讓下腹部膨脹；然後一邊從嘴巴吐氣，一邊將陰道向上收縮到快要接近橫膈膜的位置。吸氣，放鬆陰道；吐氣，向上收縮，就這樣繼續反覆動作吧。

反覆幾次腹式呼吸後，這次腹部請不要出力，陰道維持在收縮狀態，並將肋骨大幅度張開，並一邊進行胸式呼吸，一邊將陰道向上收緊看看。只要配合橫膈膜的活動進行胸式呼吸，就能進一步擁有曲線。

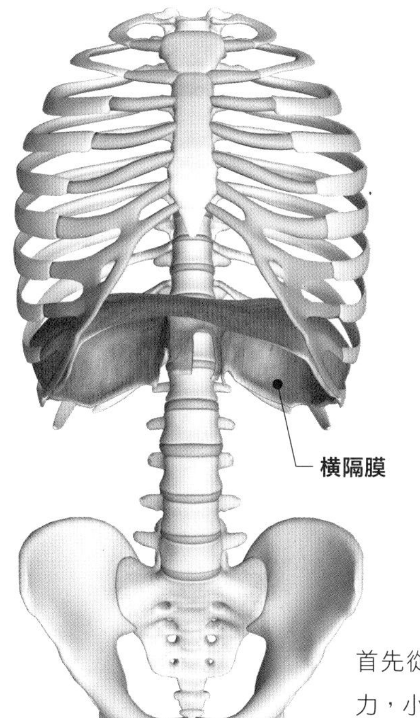

首先從腹式呼吸開始。然後腹直肌不要出力，小心地進行胸式呼吸。如果腹部一不小心用了力，就會變回胸式呼吸。

COLUMN 03

用球讓自己「隨時放鬆」

在前面的運動中，教了大家如何在地上以躺姿的方式進行放鬆。不過實際上坐著做也ＯＫ。在背部與靠背或椅墊之間放顆球，用自己的體重施加壓力，放鬆妳想放鬆的身體部位吧。還請儘量將球放到僵硬的點上。

因為球很方便攜帶，只要在包包裡放一顆，不管是在辦公室或通勤時，任何情況下都能輕鬆進行放鬆。我不管是在泡澡、搭飛機途中，或是看電影時，都有好好實踐這個「一邊放鬆」的動作。

身體的姿勢和習慣是日積月累的東西，所以推薦妳也在日常生活中養成放鬆的習慣。只要平常有做好放鬆的動作，身體就不容易姿勢不正，也能夠減輕肩膀僵硬與腰痛。

PART 4

讓陰道24小時都維持收縮的縮陰運動

讓收縮的陰道記憶住形狀

只要熟悉如何在站姿時收縮陰道，就能擁有「隨時都能縮陰的身體」。順道一提，一開始雖然曾提及不要同時收縮妳的陰道和肛門；不過如果已經來到能將陰道確實收縮上提的階段，**則同時收縮也無妨**。事實上，骨盆底肌群的頂點就位於陰道與肛門之間（會陰）的延長線上，如果同時收縮，**就能以十倍左右的強度動到骨盆底肌群**。不過，臀部的表層肌肉相當結實，因此有必須將陰道和肛門的**施力比重調整為8：2左右**。

當妳將陰道收縮上提時，應該會感受到身體的軸心線，這時應想像有條線從妳的會陰往妳的頭頂通過。只要能為陰道建立貫穿至頭頂的形狀記憶，就能打造出即使不特別去想，每天二十四小時、一年三百六十五天都能**「自然而然地縮陰」**的身體。

為了達到這個目標所需的訓練方法，就是一邊縮陰、一邊走路的**「縮陰行走」**。重點在於想像妳的陰道上提收縮至頭頂，腿則是從妳的胸部（橫膈膜處）長出，彷彿只要抬起腳陰道就會跟著連動收縮一般，在身體建立形狀記憶。如果能做到這點，則不管怎麼走都能維持步伐輕盈。簡直就像是雙腿消失無蹤一樣（笑）。

如果在確實做好伸展的狀態下將陰道收縮上提至頭頂，並一邊步行的話，臀部肌肉與大腿前側施力的比例就會來到10：0。如此一來，平常容易因施力而緊繃的大腿前側就完全不會繃緊，可以自在地鍛鍊到妳的臀部。

實際嘗試過縮陰行走的人，都會因為**抬腿時完全不會感到疲憊**而大吃一驚。不管是走路、爬樓梯都變得相當輕鬆，也有人表示「會不由自主地想找樓梯來爬」呢（笑）。總而言之，只要以一般方式行走，就能自然而然地讓身體漸漸變得緊實，這正是縮陰行走的厲害之處。我也因此減掉了**自己的腰間肉**，並擁有緊實的翹臀。心中想著美臀和美腿，試著朝**「縮陰步行的世界」**邁開第一步吧！

YumiCoreBody method

讓陰道持續收縮的縮陰行走

如果要能正確縮陰行走，
就必須一步步來。
首先就從站姿縮陰的初級篇開始吧！

縮陰行走的目的，在於讓身體建立腿部與陰道動作的形狀記憶。不過，如果一開始就讓腿部和陰道同時動起來，要注意的點就會太多，容易混亂。在動到腿部之前，先透過「初級篇」來記住縮陰的姿勢吧。

在這裡，最重要的是股骨外側的大轉節，也就是位於大腿根處的突出骨骼。如果對大轉節施力，讓其外旋並使大腿內側向外扭轉，骨盆就會自然而然地垂直於地面。

在此狀態下，只要讓長得像蝴蝶一般的髂骨靠近位於臀部上方的薦骨，骨盆就會自動收緊。如果同時進行伸展，確實將身體縱向延伸，妳應該就能感受到自己的陰道瞬間向上收緊，而這感覺將令妳吃驚。

這可能有點困難，但請去意識到妳的大轉節和薦骨，然後在進行伸展運動時縱向伸展。在妳記住這些重點、習慣了縮陰的姿勢之後，就請進到下一步。下一頁我們將再加上腿部動作，挑戰「進階篇」的縮陰行走。

縮陰行走
Beginner
初期篇
讓陰道持續收縮的

想像妳的陰道是在這裡

吐氣的時間
要比吸氣的時間多幾倍

吐氣、
伸展的同時
將陰道向上收縮

吸氣

對腿部大轉節施力

將大腿內側向外扭轉

讓陰道持續收縮的
縮陰行走
Master
進階篇

首先，把重心放在妳的腳跟。

肩膀不要出力、髖關節放鬆，讓骨盆與地面垂直（骨盆前傾的人就往後傾）。

收下巴，想像鎖骨之間有一盞燈照向前方，不要將肋骨打開。

不要將腰部拱起，而是只讓鎖骨之間的燈照向前方。

肩胛骨往下沉，拉長延伸妳的頸部後方。

一邊用鼻子吸氣，讓妳的下腹部鼓起。

吐氣時，將陰道和妳的橫膈膜一起向上收緊。

想像放入衛生棉條時，那種從大腿內側往上吸緊的感覺！

想像陰道延伸穿過妳的肚臍後方、肋骨中央、肩胛骨，

往上、往上，一直往上收緊到妳的頭頂。

感覺像有條特別的肌肉

從妳的陰道直達頭頂，可以理解嗎？

到達頭頂後就放鬆陰道，吸氣，

然後一邊吐氣，一邊再次將陰道向上收緊。

輕輕地、輕輕地。將陰道口緊緊收縮，

接著將陰道向上收縮到妳的肚臍後方。

覺得已經一路上收到接近胸口周圍時，就將右腳向上提起。

請想像妳的雙腿是直接從妳的胸部長出來。

這時，將妳的手臂像是陰道一樣向上提起。
維持姿勢4秒後，放鬆陰道並將腿放下。

然後再次吸氣，
一邊吐氣，一邊將陰道向上收緊。

繼續往上、往上，一直收緊到頭頂，
一邊想像妳的雙腿是從頭頂長出來，一邊將右腳向上提起。

維持4秒後，放鬆陰道。然後，重複同樣的動作3次左右。
吸氣，然後一邊吐氣，一邊將陰道向上收緊。往上到胸口後，提起右腳。
這樣重複幾次，就能前後走上好幾步。

像這樣一邊將陰道縮緊、一邊提起腳，是不是會覺得相當輕鬆呢？

接著，在不縮緊任何地方的情況下試著抬起左腳吧。

然後，再重新提起右腳看看。
妳知道腳變輕鬆的感覺是什麼了嗎？

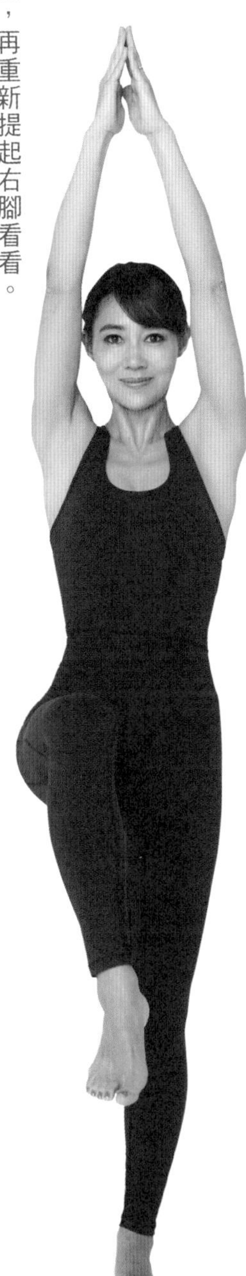

妳已經學會縮陰了嗎？最終檢查

因為縮陰行走相當困難，有很多人並不知道自己是否有將動作做正確。只要能讓身體確實建立形狀記憶，**提起腳時應該就會覺得相當輕鬆**。

另外，在縮陰行走時，位於大腿內側的**內轉肌**也很重要。如果內轉肌沒有動起來，就沒辦法將陰道向上收縮。如果想知道自己有沒有確實縮緊，可以透過打開髖關節、腰部向下沉的**二位蹲**姿勢來檢查。

如果能透過這個姿勢，在縮陰時對內轉肌施力，就能確實將陰道向上收緊。如果不小心讓大腿外側跟前側也出力，放鬆程度就會不夠。還請回到本書的「放鬆」章節（請見第58頁），先放鬆股外側肌之後，再重新挑戰縮陰行走。

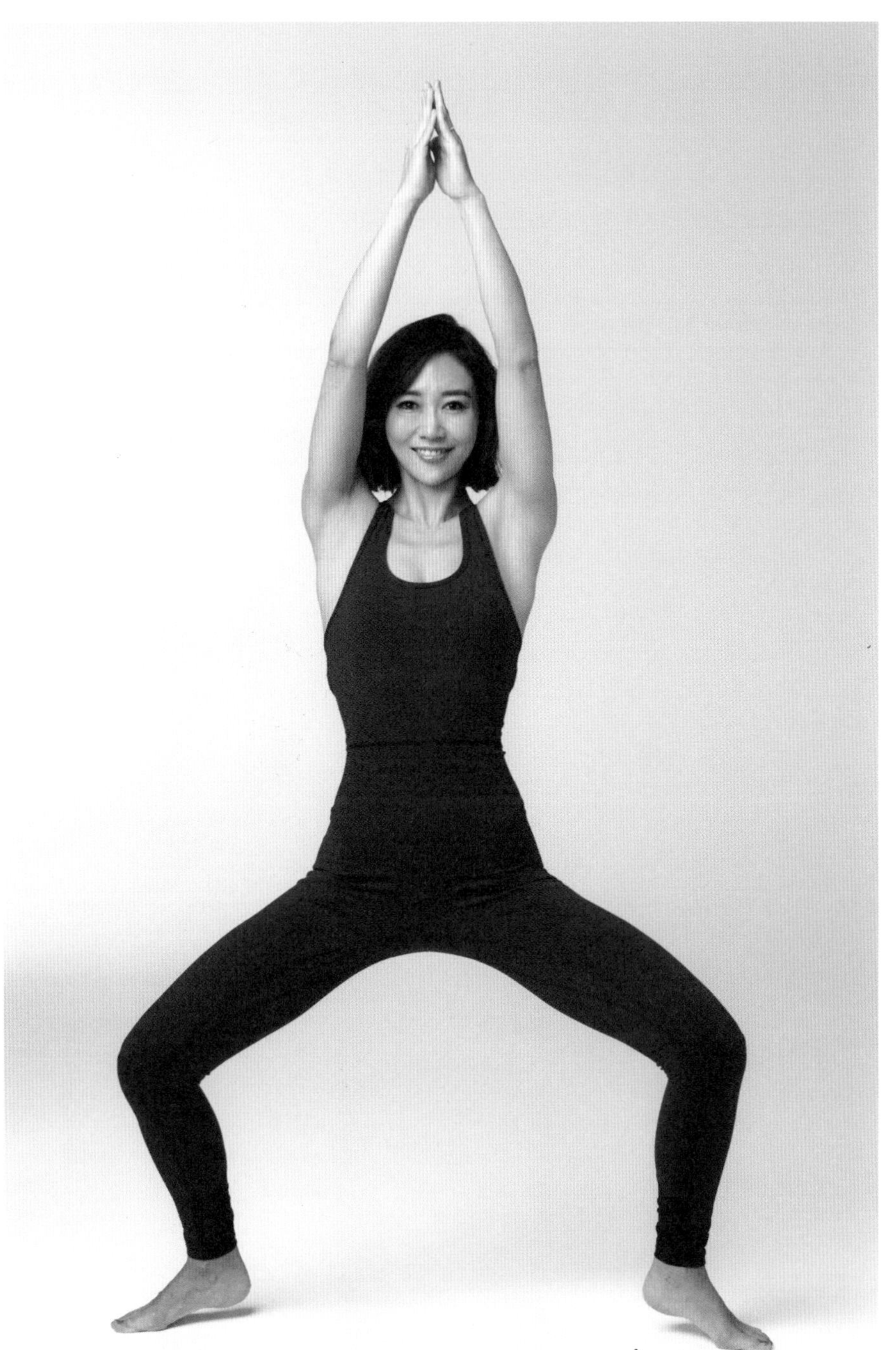

傲人曲線擁有者不斷增加！

有許多人透過我的課程學會縮陰運動，
進而獲得傲人的曲線。

YumiCoreBody haruka教練・43歲・孩子：6歲

我從幼稚園到高中都是易胖體質，對食物相當執著，每次都是靠節食來減重。就這樣持續了25年的節食生活，在心懷對肥胖恐懼的情況下結婚、生子。不過遇到了Yumico教練之後，大大改變了我的人生。每次做完以放鬆方法為主的運動，下課後都能感受到身體更加輕盈，同時也更加健康，長年苦惱的肩膀痠痛、腰痛和便祕也全都消失無蹤。在某天體會到真正縮緊陰道的感覺之後，令人吃驚的事情不斷發生。就算我沒有特別去注意，姿勢也愈來愈改善，曲線更是愈來愈明顯。我和過去如影隨形的節食生活說再見，變成了吃什麼都不會胖的體質。生活裡不可或缺的，只剩下讓身體自然縮陰所需要的放鬆運動。告別易胖體質與節食人生的我，現在成為YumiCoreBody的教練。我可以很有自信地說：現在的我，已經擁有從過去以來「最完美的身體曲線」。

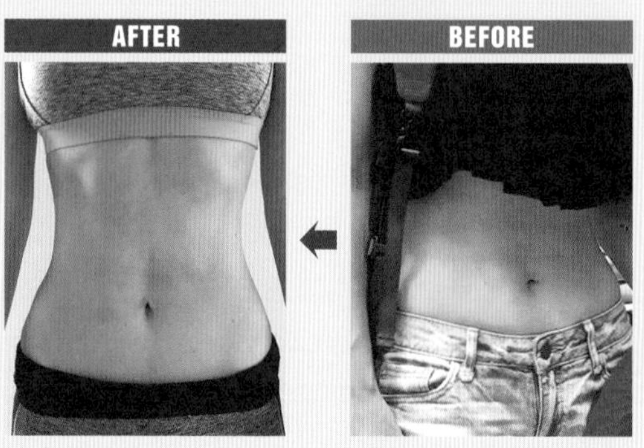

Y小姐・37歲・孩子：8歲/6歲/3歲

我參加課程只有一開始兩個月是每個禮拜上一次課，後面則是每個月只去個一到兩次。因為工作同時又要照顧三個孩子，往往很難空出時間上課；不過上了三個月之後，就實際感受到整個人煥然一新。就算東西一點都沒有少吃，五個月之後體重還是少了5公斤。我獲得了纖細的小蠻腰，親朋好友也都說「妳瘦了！」我現在也必定每天都在家做放鬆與伸展運動，而且一天看好幾次鏡子來調整自己的姿勢。因為我是個護理師，十五年來都有腰痛的問題，肩膀和背痛也相當嚴重，每次痛到頭痛想吐時都得吃藥。現在我則能夠維持這樣的體態，完全不需要吃藥或按摩。

AFTER

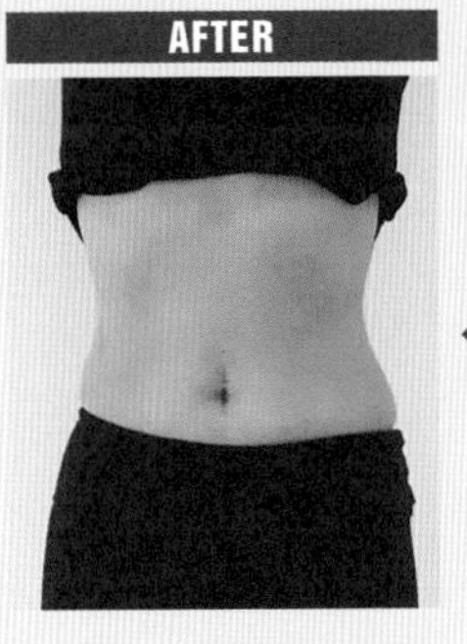

BEFORE

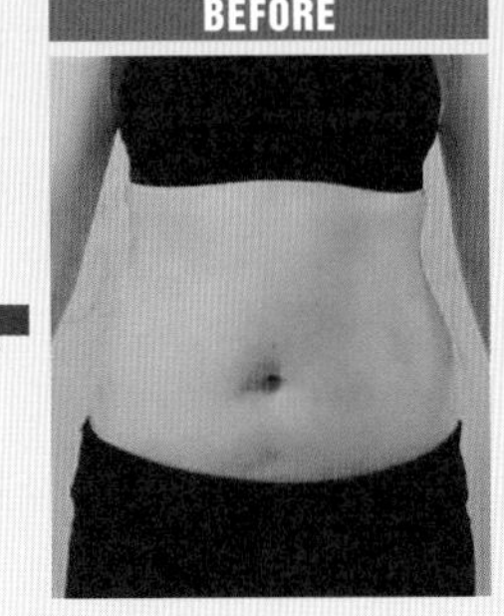

O小姐・44歲・孩子：17歲/14歲

我在40歲之前都是靠瑜珈和跑步來維持身材，但超過40歲之後，就還是開始發福。一開始上YumiCoreBody的課程時，我連「縮陰到底是要縮哪裡」都不知道，但持續學習放鬆之後，就一點一點地開始能感受到陰道的位置。最先瘦下來的是我的大腿，然後連腰間肉也消失得無影無蹤。意識到如何伸展之後，連臉都跟著變小了，肩膀痠痛也一併消除。我的胸部並沒有跟著縮水，而是獲得了自己理想中的身材，我對此相當滿意。連我先生也開始說「妳可以多穿這樣的衣服」，推薦我穿上可以展現美麗身體曲線的衣服。正是因為不用克制飲食、不用特地勉強自己，輕鬆地讓時間帶來變化，才能讓好身材繼續維持下去。相當慶幸自己能相信Yumico老師，跟隨她的腳步。

AFTER

BEFORE

為了讓現代女性今後也擁有美麗與健康

在生命循環之中，女性的身體會經歷幼兒・兒童期、青春期、更年期、性成熟期、更年期，然後邁入老年期等變化。在此之中，只要是女性，不管是誰都會希望自己能常保健康美麗。不管是哪個年齡層，每個人都期待自己能擁有美麗的容姿、常保青春，而且會想要透過減重讓自己瘦下來。

然而近年來，有不少女性為了實現這樣的期待，而損害到自己的健康。特別是強迫自己節食，不但會讓身體損失必要的營養，還會讓免疫力降低，導致重要的女性賀爾蒙平衡受到破壞。女性荷爾蒙的平衡一旦受到破壞，就很難恢復原來的樣子，我希望所有的女性朋友都能意識到這一點。

女性荷爾蒙不只有對懷孕、生產而言是必要的。不知道您是否曾聽過「骨盆器官脱垂」這樣的疾病呢？這指的是子宮、膀胱、直腸等位於腹部底部的內臟器官，因為支撐骨盆底肌群及骨盆底的肌腱斷裂或鬆弛，而導致器官和陰道一併位移脫落出來的疾病。一直以來，女性荷爾蒙都被認為與這些骨盆底肌、肌腱和陰道的支撐功能有著相當深切的關聯。

在過去被稱為「骨盆體操」的骨盆底收縮體操，最近似乎也進化出各式各樣的面貌。如果能藉由本書所介紹的縮陰體操鍛鍊骨盆底肌，進而強化骨盆的支撐組織，預防骨盆器官脫垂的效果也值得大大期待。此外，對運動不足的現代女性而言，如果能藉由這樣的體操調整身體的平衡，那麼即使不強迫自己減重，也能夠獲得理想的體態，這不也能成為一種令人喜悅的「覺察」嗎？

KISHI CLINICA FEMINA院長
岸　郁子

畢業於慶應義塾大學醫學系。擔任東京都濟生會中央醫院婦產科部長的同時，於東京銀座開設了KISHI CLINICA FEMINA女性專科診所。為了方便職場女性就診，在平日晚上或假日皆有開診。專業為婦科腹腔鏡手術、骨盆器官脫垂手術等，並活用相關經驗進行診療。

只要先「雕塑骨骼」，身體自然就會想瘦下來。

我在課堂上曾説過：「只要能連續三個月維持正確的姿勢，就能讓身體產生等同於連續一年每週上一次健身房的改變。」不過，要維持姿勢，其實比健身來得更辛苦。放鬆肌肉、調整姿勢，好讓深層肌肉可以發揮作用，正確收縮陰道；然後才終於能建立身體的軸心，維持正確的姿勢。導正姿勢就是雕塑妳的骨骼。是要去感受到妳的骨骼以及關節，再進行雕塑。藉由維持正確的姿勢來改變骨骼，肌肉附著的方式也會隨之改變，進而讓身體自然而然地改變。乍看之下可能會覺得是在繞遠路，但其實這樣的方式更加迅速，而且能持續發揮效用。我用自己的身體就能證明這一點。

雖然這次的內容是以收縮陰道為主，不過做為當中基礎的姿勢，對男性、女性而言都相當重要。期盼透過本書，能讓更多讀者實際用身體感受到這項運動的效果。

走路的時候
也將陰道
向上提！
CLOSE
CAFE
YES, WE ARE
OPEN
FOOD
Today's Baked Sweets

最強縮陰瘦身

免節食、隨時做，一招打造易瘦體質＋超激瘦完美曲線

膣締めるだけダイエット

作者　村田友美子
譯者　汫玲
執行編輯　顏妤安
行銷企劃　謝珮菁
封面・版面構成　賴姵伶
發行人　王榮文
出版發行　遠流出版事業股份有限公司
地址　臺北市南昌路 2 段 81 號 6 樓
客服電話　02-2392-6899
傳真　02-2392-6658
郵撥　0189456-1
著作權顧問　蕭雄淋律師
2020 年 7 月 31 日　初版一刷
定價新台幣 250 元

ISBN　978-957-32-8829-9
遠流博識網　http://www.ylib.com　E-mail: ylib@ylib.com
（如有缺頁或破損，請寄回更換）

國家圖書館出版品預行編目 (CIP) 資料

最強縮陰瘦身：免節食、隨時做，一招打造易瘦體質＋超激瘦完美曲線 / 村田友美子著 ; 汫玲譯 . -- 初版 . -- 臺北市 : 遠流 , 2020.07　面；　公分
譯自 : 膣締めるだけダイエット
ISBN 978-957-32-8829-9 (平裝)
1. 塑身 2. 減重 3. 女性運動
425.2　　109009170